图书在版编目（CIP）数据

城市微更新 / 管娟，郭玖玖主编． -- 上海 ：同济
大学出版社，2018.2
（理想空间 ；79 辑）
ISBN 978-7-5608-7765-5

Ⅰ．①城… Ⅱ．①管…②郭… Ⅲ．①旧城改造－研
究 Ⅳ．① TU984.11

中国版本图书馆 CIP 数据核字（2018）第 038478 号

理想空间
2018-02（79）

编委会主任　夏南凯　王耀武
编委会成员　（以下排名顺序不分先后）
　　　　　　赵　民　唐子来　周　俭　彭震伟　郑　正
　　　　　　夏南凯　缪　敏　张　榜　周玉斌　张尚武
　　　　　　王新哲　桑　劲　秦振芝　徐　峰　王　静
　　　　　　张亚津　杨贵庆　张玉鑫　施卫良
主　　编　　周　俭　王新哲
执行主编　　王耀武　管　娟
本期主编　　管　娟　郭玖玖
责任编辑　　由爱华
编　　辑　　管　娟　姜　涛　陈　波　顾毓涵　刘　杰
　　　　　　刘　悦
责任校对　　徐春莲
平面设计　　顾毓涵
主办单位　　上海同济城市规划设计研究院
承办单位　　上海怡立建筑设计事务所
地　　址　　上海市杨浦区中山北二路 1111 号同济规划大厦
　　　　　　1107 室
邮　　编　　200092
征订电话　　021-65988891
传　　真　　021-65988891
邮　　箱　　idealspace2008@163.com
售书 QQ　　575093669
淘 宝 网　　http://shop35410173.taobao.com/
网站地址　　http://idspace.com.cn
广告代理　　上海旁其文化传播有限公司

出版发行　　同济大学出版社
策划制作　　《理想空间》编辑部
印　　刷　　上海锦佳印刷有限公司
开　　本　　635mm x 1000mm　1/8
印　　张　　16
字　　数　　320 000
印　　数　　1-10 000
版　　次　　2018 年 04 月第 1 版　2018 年 04 月第 1 次印刷
书　　号　　ISBN 978-7-5608-7765-5
定　　价　　55.00 元

编者按

　　白纸作画容易，旧城更新最难。大多数中国城市对待旧城的态度堪称"野蛮"，要么在历史城区大拆一气，令城市的文化气息丧失殆尽；要么见缝插针兴建摩天大楼，与旧城肌理格格不入。

　　城市与人一样，也存在"衰老"的一面，相比起大拆大建，微更新是城市"抗衰老"的一种良性模式。从更新废旧墙体，到利用绿化造景，再到升级改造既有交通设施，未来将成为城市更新的主流手段。本辑系列丛书以城市微更新为主题，探讨城市微更新的方式，以期为未来城市更新方式提供有益的借鉴。

　　专辑主要划分为社区实践、公共空间实践、历史地段、城市功能区实践四部分内容，收录了广州、上海、深圳、厦门等地城市微更新的优秀项目，介绍城市微更新设计手法以及带来的影响，比如：强调以人为本，突出保障城市和人的安全，通过腾退一批影响环保、危险化工等企业，减少环境污染，消除城市安全隐患，对建成区中存在安全隐患的建筑，实施局部拆建、整治的"微更新"，缓解、消除安全隐患，以及充分挖掘老城区潜在资源和优势，保护和修缮文物古迹、工业遗产，对历史建筑予以活化利用，延续历史文脉、保存城市记忆等，为相关领域的规划设计从业人员提供借鉴。

上期封面：

CONTENTS 目录

主题论文
Top Article

走向上下合力有序前行的上海微更新
Shanghai Micro Update Moving Up and Down in a Joint Force and Order

胡颖蓓
Hu Yingbei

[摘　要]　近年来城市更新成为了上海城市治理的关键词。其中，城市公共空间的微更新正因为其规模小、方法活、见效快的特征，得到社会的广泛关注。许多来自社会需求层面的实践成果，或正在开展的实践工作，会为后来者提供经验启示。然而，如何从系统的角度出发，规范化此类更新项目地开展，同时又为多元多样留有空间，正是公共政策需要研究的。为此，规划主管部门通过上下结合的沟通互动平台，一方面针对各类公共空间类型开展微更新试点，另一方面对既有来自社会需求层面的实践进行跟踪调查。通过上述两类样本的收集分析和总结，未来将形成该类工作开展的指导手册。

[关键词]　公共空间；微更新；上下结合；公众参与

[Abstract]　Urban renewal has become the primary strategy of Shanghai government in the field of the urban planning in these years. As one means, the micro-renewal of the urban public space, which is small, flexible and efficient, has attracted wide attention from the society. Many practice results from social needs or ongoing practice provide experience for later generations. However, it is necessary for planning to study how to regulate those projects, meanwhile leaving them varied. Thus, the planning authorities start a platform which thinks highly of interaction and communication. By the platform, it observes the different practices by spontaneous society; furthermore, itself carries out micro renewal practices focusing on various types of public space types. In the future, based on the above, it will form a guideline as a public policy to regulate the micro-renewal projects of the urban public space.

[Keywords]　public space; micro renewal; up and down integration; public participation

[文章编号]　2018-79-A-004

1. 上海微更新发展脉络
2. 北新泾社区微更新计划项目示意图
3. "城市泡泡"微更新装置图
4. "韧山水"微更新装置图
5-6. 金钟路平塘路街角改造实景照片

一、从规划管理出发的"微更新"发展脉络

土地和空间是城市发展的重要资源，土地利用方式影响着城市发展模式和城市治理理念。近年随着建设用地面积接近天花板，上海通过土地利用方式转变，促进城市发展方式、社会治理方式、政府工作方式转变。在此背景下，上海的城市建设从简单的规模扩张和大拆大建，转变为更加注重空间品质提升地存量更新。在此要求下，上海城市更新也在逐步转变理念和方法，在有机更新的规划、政策、管理和行动模式等诸多方面进行了深入的探索。

2015年5月，上海市人民政府出台的《上海市城市更新实施办法》，标志着上海城市更新模式从增量开发到存量挖潜的转变。2018年1月4日市政府新闻办举行市政府新闻发布会，副市长时光辉介绍了《上海市城市总体规划（2017—2035年）》相关情况。规划指出2035年基本建成卓越的全球城市，令人向往的创新之城、人文之城、生态之城，具有世界影响力的社会主义现代化国际大都市。规划提出，要转变城市发展模式。坚持"底线约束、内涵发展、弹性适

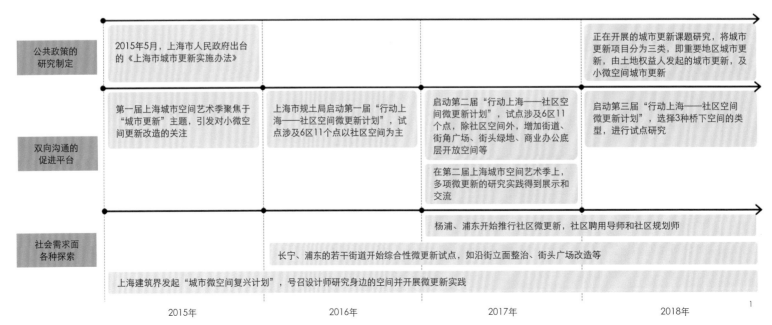

	2015年	2016年	2017年	2018年
公共政策的研究制定	2015年5月，上海市人民政府出台的《上海市城市更新实施办法》			正在开展的城市更新课题研究，将城市更新项目分为三类，即重要地区城市更新，由土地权益人发起的城市更新，及小微空间城市更新
双向沟通的促进平台	第一届上海城市空间艺术季聚焦于"城市更新"主题，引发对小微空间更新改造的关注	上海市规土局启动第一届"行动上海——社区空间微更新计划"，试点涉及6区11个点以社区空间为主	启动第二届"行动上海——社区空间微更新计划"，试点涉及6区11个点，除社区空间外，增加街道、街角广场、街头绿地、商业办公底层开放空间等；在第二届上海城市空间艺术季上，多项微更新的研究实践得到展示和交流	启动第三届"行动上海——社区空间微更新计划"，选择3种桥下空间的类型，进行试点研究
社会需求面各种探索	上海建筑界发起"城市微空间复兴计划"，号召设计师研究身边的空间并开展微更新实践	长宁、浦东的若干街道开始综合性微更新试点，如沿街立面整治、街头广场改造等	杨浦、浦东开始推行社区微更新，社区聘用导师和社区规划师	

1

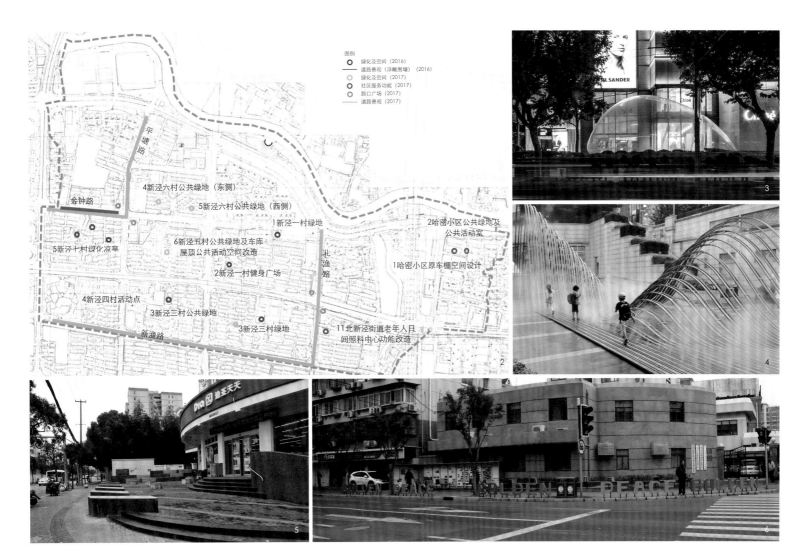

应"，探索高密度超大城市可持续发展的新模式。从规划管理的角度出发，上海市出台了自上而下的政策和规范性文件，如城市更新实施办法以外的《上海市社区规划导则——15分钟社区生活圈》《上海市街道设计导则》等一系列规范性文件，都致力于健全城市有机更新的政策体系。

2018年市规土局开展的专题研究根据更新对象的规模等因素，将城市更新项目分为三种类型，即重要地区城市更新，由土地权益人发起的城市更新，以及小微空间城市更新。其中，最后一类小微更新项目一般是指，针对上海中心城区的空间特色，在既有法定规划的基础上，对零星地块、闲置地块和小微公共空间进行改造利用，关注其品质提升和功能创造，并以规模小、方式活、见效快为特征。这标志着"微更新"这一概念正式纳入城市规划管理体系。

二、从社会需求出发的"微更新"实践启示

在城市发展的宏观背景下，结合市民社会的广泛现实需求，社会各界都展现了对"微更新"议题的高度关注。在刚刚闭幕的2017年第二届上海城市空间艺术季上，相较于第一届，更加具有针对性和具体化地设置了两部分内容，集中诠释由社会多元力量发起和开展的有关城市"微更新"的实践。

1. 零星开展的微更新实践

这项计划由建筑媒体人和建筑师共同发起的"城市微空间复兴计划"是本届空间艺术季主展览的四大版块之一——"上海都市范本"的七大议题之一。策展人（"城市微空间复兴计划"策展人：戴春、俞挺；参展机构：Let's Talk 学术论坛、王彦、柳亦春、俞挺、上海市城市规划设计研究、李彦伯、阿科米星、童明、骏地、席子、Fablab O)认为：当今上海已经走入稳步发展的渐进式更新阶段，政府与社区的协同合作开始发挥更大作用。在和谐社会网络的构建也成为今天城市更新中最重要一环之时，除了自上而下的宏观调整，自下而上的"微更新"也是不可或缺的一部分。它以适应新的日常生活与工作的需求为导向，对一系列片段化的城市建成环境进行调整型更新，贴近空间使用者的

更新行为。建筑师与市民自发参与，以小规模、低影响的渐进式改善方式缝补社区空间网络。在存量建成环境中，微更新更是对城市中"失落的空间"的再思考与再创造。通过这一自下而上的更新路径，还权于社会、还权于市场，努力为社区提供更为精准化的公共服务，提高居民认同感。

该部分内容展示了十余个通常被谓之"自下而上型"，零星开展的微更新实践案例，从使用者自身更新需求出发，自下而上的建筑或场地改造。因其自发性和草根性的特点，投身此类行动的主体一般为业主或共有业主；出谋划策的人包括了传统的各类设计师，包括建筑设计师、景观设计师，甚至还有普通市民和各行各业的学者，他们采用各种技术方案，满足各类空间类型的不同的社会需求，也反映了大众对城市公共空间改造利用的全新认知。

2. 综合性的微更新实践

相对于零星开展的微更新实践，目前上海已经陆续开展了以街道为单元的综合性社区微更新实践，如长宁区北新泾街道、浦东新区下属街道以及杨

表1 　　　　　　　　　　　　　　　　"城市微空间复兴计划"的主要微更新案例

展项名称	展项说明	参展机构/人
城市泡泡	位于高楼林立繁华喧嚣的南京西路中信泰富广场，装置采用可再生材料，通过热胶粘合，形成7m宽、14m长、6m高的巨型露珠状透明空间体量，供人体验。空间全封闭，而视觉全开放，城市泡泡仿佛广场上的一个透明舞台	王彦
韧山水	位于低于城市标高7m的静安寺广场，装置以50根20m长的空间流线型竹钢杆件构成具有起伏变化的柔软轻巧的体量，具有抽象山水的视觉感受，又极富时代气息。可作为实验场、剧场、展场、市场或游乐场	王彦
大烟囱咖啡	位于上海金珠路111号，路人可通过半透的钢网斜墙隐约看见咖啡馆及竹院空间。区区60m²的建筑，通过其自身的空间性格，向街道展现出柔软而不乏张力，自然而富有情趣的景致	王彦
例园茶室	位于龙腾大道2555号的小院。占地19m²，通过向不同方向延展的屋面，与小院里原有的泡桐树紧密结合，又与旁边办公楼通过楼梯相连，使原先的剩余空间真正转化成一个怡人的院落	大舍建筑设计事务所
新天地临时读书空间	位于自忠路黄陂南路转角的人行道。为世界读书日做的临时读书空间，采用轻钢结构与3mm厚聚碳酸酯板，长28.6m，高8.5m。可举办活动，也可供行人随意穿行，视觉上具有吸引力	阿科米星建筑设计事务所有限公司
八分园	利用社区居民的小型废弃空间进行改造，由居民直接管理，通过举办一系列活动，使市民参与其中	俞挺、Wutopia Lab
社区活力发生器	位于历史街区愚园路520弄的公共空间，在极限条件下对40m²的场所进行改造，集成晾晒、健身等居民日常生活的刚性需求，同时加入了休憩、供水、绿化、照明甚至消防等功能，旨在促进老龄化与碎片化的社区中达成活力再生与氛围重塑	李彦伯、同济大学普方研究室
重"石"乡愁——城市，走向新社区	位于石泉街道，根据现状提出社区更新三大策略：连接社区通道、复兴景观空间与激活功能节点；构建覆盖全社区的更新项目库；并制定了五年项目实施计划。其中，2016年实施了6个项目，如各居住区的健身步道和水泵房的网络化管理中心	上海骏地建筑设计咨询股份有限公司
旧里新厅	位于始建于20世纪20年代的典型石库门贵州西里。通过对主弄微创性提升改造，营造更多集体性、共享性空间；通过改善现有公共环境，提高居民交流互动机会，引导其积极参与家园改善，为下一阶段在支弄与楼内的更新创造有利条件。项目尽量利用社区现有资源，以最小干预的方式，针对现有要素进行梳理整合，形成新的邻里格局，带动新的社区功能	童明工作室
机器制造机器和城市智造2.0	FaCity城市设计，就是倡导每个公民都可以依据自己的需求，生产出日常所需的任何东西：食物、衣服、房屋和其他的一切消耗品。探讨如何通过全球设计联网，"分布制造"实现本地自制自足，使得城市逐渐达到一种自我满足的2.0守恒状态	Fablab O
方寸漫游	跟随摄影师10年来的行走轨迹，经历一个不断变迁却又充满记忆的城市。看似漫无目的的漫游，实则构成了一幅上海写实风貌图卷	席闻雷

表2 　　　　　　　　　　　　　　　　　有关综合性微更新的实践案例展

展项名称	展项说明	参展方
新泾·新境	北新泾街道位于长宁区中北部，辖区面积约140.35hm²，前身是具有700多年历史的北新泾镇。北新泾街道现状以老旧居住小区为主，社区环境有待提升，公共服务设施与公共活动空间活力不足。近两年内，街道通过反复调研确定了一批待改造的微空间项目库，覆盖整个辖区，涉及各小区内的活动广场、绿地、凉亭、活动室、车棚等，外部街道空间中的艺术围墙、街头广场和道路景观等。街道希望通过社区内的微更新措施，有针对性地提升环境品质，完善服务设施。至2017年10月，累计完成约20个更新项目，类型覆盖城市系统更新（天山西路中修及景观改造）、城市公共空间改造（平塘路金钟路口街角广场改造等）、社区服务设施更新（新泾七村三亭改造等）及公共艺术项目（金钟路围墙改造等）。展示活动不仅展示了这些实践完成的微小空间改造成果，还举办了充满社区记忆的"皮影戏"演出活动等	长宁区北新泾街道
社区，让生活更美好	浦东新区缤纷社区行动及浦东内城的陆家嘴街道、洋泾街道、潍坊街道、塘桥街道、花木街道5个街道，由浦东新区人民政府主导，由上海市城市规划研究院和相关艺术院校及其，以及共同参与，面向开展的城市微更新活动。活动涉及街道在业务部门和专家的指导下，针对社区发展的短板，如缺少社区感和人情味、公共空间质量低下、公共服务设施不足、城市慢行系统不宜人、城市文化活动单调等，提出9项行动内容：即一条风貌街道、一系列街角广场和口袋公园、一条慢行道、一座复合型便利站、一个公共艺术空间、一至两条林荫大道、一至两片运动场所、若干破墙美墙行动、一项文化创意活动。在整个过程中，鼓励多方参与，实现人与人的"连接"，社区与社区的"连接"。在本届城市空间艺术季闭幕式上，浦东宣布缤纷社区建设全面开展，推广至全区36个街镇，并引入1+2技术指导模式，即每个街镇对口一位导师和2名社区规划师	浦东新区

浦区下属街道。在本届城市空间艺术季上就有两个实践案例展属于这种类别。实践案例展向市民展示其最为熟悉的社区微空间如何由整体层面的社区规划开始，最终付诸实践的过程。

这类综合性的微更新具有某些共性：首先，整个计划通常是由城市管理者主导；其次，会委托专业人士进行社区评估，确定需进行更新改造的小微空间，并对这些空间类型进行分类，进而根据各处的实际情况，安排项目的实施计划，再根据计划落实每项空间改造；再者，这些计划不仅包括物质空间改造，还包括一些公共活动；而事实还说明了，这些社区微更新计划往往是需要不断新陈代谢的，将是一项持之以恒的过程（详见表2）。

三、促进双向沟通的"微更新"探索研究

上海城市建设者们在除了从以上两个角度开展有关微更新的探索和实践外，还有一种全新的途径，它旨在通过在上述两个角度之间搭建桥梁，探索一条上下结合互通的微更新道路。

如自2016年上海市规土局启动的"行动上海-社区空间微更新计划"，该计划由市规土局下属上海城市公共空间设计促进中心负责推进。该计划在选取微更新试点后，将基层工作者、社区居民、设计师以及艺术家联系在一起，会同相关部门，进行充分的沟通和交流；组织设计师现场踏勘、居民意见征集、设计方案征集等公众参与活动；协助责任主体明确空间改造方案，并推进改造项目的落实。

2016年"行走上海"从产权结构较为清晰的居住区内的公共空间出发，以社区空间为研究对象，开展了11个试点项目的方案征集，并推进其实施建设，包括：长宁区华阳街道大西别墅社区公共绿地、长宁区华阳街道金谷苑社区公共绿地、长宁区仙霞街道虹旭小区社区公共绿地、长宁区仙霞街道水霞小区社区公共绿地、浦东新区塘桥街道金浦小区社区广场、青浦区盈浦街道航运新村社区活动室外部空间、静安区大宁街道上工新村社区公共绿化和停车空间、静安区大宁街道宁和小区社区公共绿地、静安区彭浦新村街道艺康苑小区社区公共绿地、徐汇区康健新村街道茶花园小区社区公共绿地、普陀区石泉街道街道维修点社区流动设施。2017年"行走上海"走出社区、走向更为公共的需协调更多利益相关方的城市公共空间，开展了11个试点项目的方案征集，并推进其实施建设，包括：黄浦区南东街道爱民弄和黄浦区南东街道天津路500弄的里弄空间；虹口区曲阳路街道东体小区社区公共绿地、虹口区婚姻登记处

街头空间、普陀区万里街道大华愉景华庭街头广场、普陀区万里街道万里四街坊社区公共绿地、杨浦区五角场街道政通路城市街道空间、杨浦区五角场镇翔殷路491弄社区公共活动场地、徐汇区徐家汇街道西亚宾馆底层开放空间、徐汇区虹梅街道桂林苑社区公共绿地、长宁区北新泾街道金钟路平塘路口城市街角空间。按计划，2018年的"行走上海"试点将研究对象锁定为"桥下空间"。"行走上海"除了通过三年经验累积，还关注了其他微更新实践的进展，通过系统化研究，将形成具有指导意义的微更新工作指南，规范微更新组织的流程，推动设计进社区。

四、上海微更新行动的趋势分析

1. 通过上下结合促进规范化，并纳入政府常态化服务范畴

伴随城市转型发展，城市治理的观念意识也在转变，微更新从萌动到现今，开始越来越注重上下兼顾的工作方式。如"行走上海"计划展现了城市规划管理由"被动"管理转变为"主动"服务。又如本届城市空间艺术季的实践案例展中，由街道、区政府组建社区微更新的大平台，在自下而上的微更新之前进行系统化和整体化的考量，对微更新项目库进行协调统筹，并从管理层面打通相关部门合作的壁垒。这些实践研究旨在促进微更新计划从空间类型上和组织方式上走向更为规范化和系统化的过程。

再者，出于上述考量和社会设计需求，微更新将被视为政府服务的一种常态。如各区的实践案例展，通过社区规划形成更新进度计划，并对微更新项目库进行动态管理。又如陈出不穷的零星微更新实践和研究人员接到的相关咨询。可见微更新工作必将进入政府常态化服务的范畴。

2. 完善公众参与的方式，为有温度的城市而努力

公共空间服务的对象是人，微更新作为有温度的城市的着力点，越来越注重社区交流和沟通。如各区开展的社区规划，通过组织多样化的公益活动，如摄影比赛、市民沙龙、学术论坛、社团表演等，为市民、专家、各政府部门的交流创造机会，让社区规划真正走进百姓生活，鼓励和协助社区居民参与共治。又如"行走上海"计划在推动城市空间品质提升的同时，更加注重前期调研排摸、现场踏勘、意见征询的公众参与环节；并积累有素养、了解本地文化、有专业技术背景的人员，为"社区规划师"做人才储备；更重要的是为城市管理的最基层单位街道，提供社区治理的抓手，培养城市规划公众参与的意识，如在2016年行走上海试点之一塘桥社区南泉广场微更新中，开展的四叶草堂疗愈花园活动。作为社区营造的启蒙活动，通过一系列的绿化种植和维护工作，将社区居民集结在一起。通过持续性的活动促进居民间、居民和管理者、居民和设计师之间的交流。另一个是仙霞街道的虹旭

小区试点项目,在环境得到改造更新之后，居委会花了很多心思，组织居民开展垃圾分类、植物种植等各种活动，引导居民参与到改造空间的日常使用和管理维护中。

因此，从某种角度而言，微更新在策划和实施过程中，是通过以物质空间为载体，促进人的交流和沟通，从而促使不同社群之间的接触和融合，促进理解和包容，形成多元多样的社会群落，构筑有温度的城市。

参考文献
[1] 马宏，应孔晋《社区空间微更新：上海城市有机更新背景下社区营造路径的探索》[J]. 时代建筑，2016(4): 10-17
[2] 丁馨怡. "行走上海·社区微更新"试点项目难点与经验回顾——访上海市城市公共空间设计促进中心陈敏[J]. 城市中国，2018(1): 30-37

作者简介

胡颖蓓，注册城市规划师，上海城市公共空间设计促进中心，2017 SUSAS主展览统筹。

7. 浦东缤纷社区跑道实景照片
8. 浦东缤纷社区"社区规划导师"聘任仪式照片
9. 虹旭小区儿童活动场地实景照片
10. 虹旭小区入口小广场实景照片

城市剩余空间价值的挖掘与利用
——基于微更新的一种新思路，以屋顶空间的绿色综合开发为例

Excavation and Utilization of Urban Surplus Space Value
—A New Way Based on Micro Renewal, Taking Green Comprehensive Development of Roof Space as an Example

邓琳爽
Deng Linshuang

[摘　要]　目前，上海正面临着城市可开发空间减少、空间利用效率不足以及城市绿色空间稀缺等问题。本文通过对近代上海、当代国外城市屋顶空间开发的案例研究，以及作者的实践，提出了一种新的空间利用模式。重新发现城市中心在时空上利用效率不足的屋顶空间，以微更新的手段提升其空间品质及空间功能的可变性，通过商业运营整合不同时段、不同需求的使用者，以复合使用的方式提升空间的使用效率，挖掘城市空间的剩余价值。

[关键词]　城市剩余空间价值；微更新；屋顶花园

[Abstract]　At present, Shanghai is facing the problems such as the decrease of develop-able space in cities, the inefficient use of space and the scarcity of urban green space. Based on the case studies of the roof space development in modern Shanghai and contemporary foreign cities, and by the author's own practice, this paper proposes a new mode of space utilization.Rediscovering the use of inefficient rooftops in time and space in urban centers, to improve the spatial quality and variability of spatial functions with micro-updates. Integrating commercial users with different needs at different times and in different ways to enhance the efficiency space use, and explore the surplus value of urban space.

[Keywords]　urban surplus space value; micro-renewal; roof garden

[文章编号]　2018-79-A-008

1.汇中饭店屋顶花园照片
2.1917年建造的大世界游乐场照片
3.罗伊屋顶花园饭店照片
4.新世界南部的屋顶花园照片
5.1917年大世界的屋顶花园照片
6.1927年重建的大世界游乐场内庭院照片

上海的城市发展正面临着新的模式转变。在城市的中心区，可供开发的土地越来越少，城市已经不具备过去那样大拆大建的条件。然而不断提升的城市生活需求，使得城市仍然有不断更新和升级的必要。以过去地产开发的模式来看，上海可供开发的用地非常之少，但从空间利用效率的角度来看，许多城市空间还存在着非常大的价值提升空间。其中，作为城市第五立面的屋顶空间，就是最具代表性的一类长期被忽略的、具有很高开发潜力的城市空间。城市中心的许多商场和办公楼都有大面积的屋顶空间，这些空间地段好、交通便利、视野开阔，却长期被忽略和闲置。为什么楼下的物业有如此高的价值，而屋顶的空间就不能同样地创造经济和社会价值呢？在新时期，结合文化创意和绿色产业，对城市屋顶进行重新地开发和利用，既是对城市剩余空间价值的再次挖掘；又可以为城市提供更加绿色、高品质的第五立面，改善城市环境；还可以活跃城市和社区生活，可谓是一举多得。事实上，早在近代上海就已经有利用和开发城市屋顶空间的成功案例，而当前的欧洲、美国和日本等发达国家也将屋顶空间的开发作为城市发展的新兴方向。历史的和当代的各种案例，为我们站在新时代的上海重新思考屋顶空间的利用提供了非常好的线索和经验。

一、近代上海历史上的屋顶花园游乐场

近代的上海是一座充满淘金者的城市，任何一个商机，都会有对利润无比饥渴的商人充满创造力地将其转换为一笔生意、一种商业模式，从而赚取大笔的利润。"屋顶花园游乐场"就是近代的上海商人众多商业创举中的一个，他们不仅利用了城市中心闲置的屋顶空间，而且用各种中西游艺把屋顶包装成一座座新奇热闹的空中花园，吸引了无数市民争相观光。

其实，近代上海最早开始利用屋顶空间的是外侨，这成为他们在城市中亲近自然的一种方式。如1906年由中央饭店改建成的汇中饭店，是当时上海最高档的饭店。它的屋顶上，就有一座可以观赏到黄浦江景的屋顶花园。这里四周种满绿植，空中悬有彩灯，沿江还有两座巴洛克风格的亭子。外侨经常在这里举办露天舞会和餐会。1939年，欧洲的犹太难民聚居在提篮桥。他们在百老汇大戏院的屋顶开设了罗伊屋顶花园餐厅，配设了凉亭和花草，并不定期地举行音乐会和各类聚会。这里成为犹太人品茗、跳舞、听爵士乐的聚会和休闲场所。

不过，真正充分挖掘了屋顶花园商业价值、并创造了"屋顶花园游乐场"这种红极一时的商业模式的，还是上海的中国商人。上海第一座屋顶花园游乐场"楼外楼"开业于1912年，位于南京东路新新舞台的屋顶。据说是海上漱石生孙玉声游历日本时，见许多高楼大厦的屋顶都建有花园，并附设游艺杂耍场地，颇感新奇，回国后便告知英商洋行买办、地产商人经润三。经润三受到启发，与黄楚九合作，斥资在新新舞台楼顶建造了一个屋顶花园。屋顶花园安装了国外进口的哈哈镜，屋顶加盖玻璃顶棚，室内供应茶点，设说书、滩簧、变戏法等简单节目。屋顶花园四周植满鲜花，中间设置喷泉，并常有菊花山、兰花会、梅花集之类的雅集，同时可以登高眺望，俯瞰上海风景。楼外楼将几样新奇有趣的娱乐项目集合在一起，在当时被称为"百戏杂陈""各种游艺之大本营""犹商业中之百货商店也"。市民们纷纷前往，一时间热闹非凡。

楼外楼的成功，促使经润三与黄楚九于1915年又在西藏中路、南京西路口创办了一座更加大型的游乐场"新世界"。新世界有三层，室内有多个剧场。

它的屋顶花园可以说是专门为游乐场量身定做：屋顶设计成三层退台的形式，形成了面向跑马场的数个不同标高的景观平台，上下游走的多部室外楼梯，犹如传统园林中的游廊，步移景异。顺着盘旋的阶梯，人们可以登上五层的塔楼登高远眺，相当于传统中国园林中假山、亭榭的作用。虽然新世界的建筑风格完全是西式的，但在屋顶花园空间的设计和组织上，很大地受到了中国传统园林和游园方式的影响。每逢赛马，新世界的屋顶花园便人头攒动，成为观赏跑马的最佳地点。夏日期间，屋顶平台还有魔术、杂技等表演，并经常播放露天电影。

1917年开幕的大世界游乐场则更是将屋顶空间的"游乐性"发挥到了极致。大世界同样将游乐空间打造的重心放在了屋顶花园的营造上，不仅在空间组织上中西合璧、丰富有趣、妙趣横生，连建筑形式也都中西混搭起来。大世界的中间是内院广场，"容积游客可至一万余人并无拥挤之虑"。周围有假山花木，多取园林景致，辟有风廊、寿石、山房、雀屏、鹤廊、小蓬山、小庐山诸胜。屋顶花园上有"招鹤、题桥、穿梭、登云"四座中式凉亭。四周是透空的装饰墙面，沿着墙面是高低穿行的游廊和阶梯，犹如中国园林的游廊透空。街角处还有一座五层的西式阁楼，冠以"旋螺阁"之名，沿着室外楼梯盘旋而上，可在此登高远眺。靠跑马场一侧有"四望台"一座，登台可眺望跑马场。屋顶置秋千架、升高轮、机器飞船、机器跑马等游戏器械，还有一片溜冰场。相比新世界，大世界屋顶花园的设计更加大胆地融合了中西的空间形式和建筑风格，西式的建筑立面上顶着中式的凉亭，西式屋顶上藏着中式的游园，颇有后现代主义建筑的拼贴感。

1927年大世界重建为三层，增加了更多的室内演艺空间，依然保留了中间的室外露天庭院，庭院内布满了高低错落的阶梯游廊，室外楼梯在演出时也可成为临时的看台，可以演出大型的杂技节目。屋顶花园设置在三楼楼顶，依旧是有亭台楼阁，不再是中式的式样，而是西式的圆形亭子。仍有楼梯游廊互相联系，但由于楼层过高，与屋顶花园与室外庭院的空间互动性不如之前了。建筑的外立面风格为更加纯粹的欧式风格，但内庭院的立面上还是用红色的中式柱廊环绕，可谓是坚持大世界"西为表，中为体"的建筑风格。1937年大世界在四楼东边"共舞台"屋顶上扩建一个露天舞厅，称"高峰"。圆形舞池由人造大理石造成，音乐台边配以花架、盆景，装有防雨天幕，以挡风雨。虽是小型舞厅，却具有一、二等的水准。

1917年，先施公司开业后，上海又兴起了在百货公司楼顶开设屋顶花园游乐场的热潮。百货商业和游乐业的结合，使得两者互相支撑促进，共同繁荣。

"先施乐园"是第一座开在百货公司楼顶的游乐场。一开始，乐园仅对购物顾客赠以门券，后来看游客踊跃，便开始对外售票。此后，各大百货公司争相效仿，永安公司

开设了"天韵楼""七重天"，新新公司开设了"新新花园"，大新公司开设了"大新游乐场"等。

各大百货公司的屋顶花园，延续了之前游乐场屋顶花园的空间营造方式：

（1）部分建筑高出屋面，环绕屋顶花园展开，室内外空间交融。

（2）屋顶设高度不同花园平台，形成丰富的空间层次；屋顶上亭台楼阁错落，中西风格兼有；室外楼梯和游廊将这些平台和亭阁串联起来，使得屋顶花园成为可以行走游览的园林景致；还常常模仿中式园林设置成多个景点，如新新乐园的"天台十六景"。

（3）屋顶花园通常都有高塔，既可作为屋顶花园登高望远之所，又可作为建筑对外的标志性塔楼，如永安公司的"倚云阁"。

（4）屋顶设一些小型的剧场、茶座等，夏日有露天电影和舞会。四大公司创造性地将屋顶花园游乐场这种业态模式与零售商业紧密结合起来，成为沪上最受欢迎的城市游览游艺空间。

近代上海的屋顶花园游乐场，在空间上，由简单的平台花园发展为空间层次丰富的立体花园；在内容上，由项目不多的空中观览花园发展为功能复合的综合性城市游乐场；在经营上，由附属于剧场，发展到独立经营，再发展到与百货商业紧密结合，逐渐形成了成熟的商业模式。

二、国外城市屋顶空间的利用

当前，许多国外的高密度城市也掀起了屋顶空间利用和开发的热潮。连纽约市长都曾大力推动名为"PlaNYC 2030"项目，给建造"屋顶农场"的市民减税优惠。目前国外屋顶空间开发利用主要有两个方向：一是将屋顶开发为绿色农场、有机餐厅；另一个方向是作为城市创意聚会空间如酒吧、瑜伽、时尚聚会场所等。

将城市中心的屋顶改造为绿色农场，可以有经济、生态、社会等多个方面的效益。首先，可以减少食品的运输距离和成本，为本地居民提供食物里程数较低的新鲜农产品。现代社会中，食物从产地到消费地的平均运输距离有几千公里，食物物流成本高达1/4，由此产生大量的碳排放，而食物到消费者手中也往往要经过近2周的运输和等待售卖的时间。如果能够通过规模化、产业化地利用城市闲置的屋顶空间，实现本地化的有机农业生产，将大大减少能源的消耗、环境的污染以及提升食品的新鲜程度。美国纽约的Gotham Greens公司就是此类实践的绝佳案例。这家都市农业公司成立于2008年，致力于利用城市屋顶的绿色农场为本地居民供应新鲜的有机农产品。公司在纽约和芝加哥共拥有四座屋顶温室农场，总面积约为170 000平方英尺。他们应用无土栽培技术、可再生能源和水净化技术，通过可调节遮阳、人

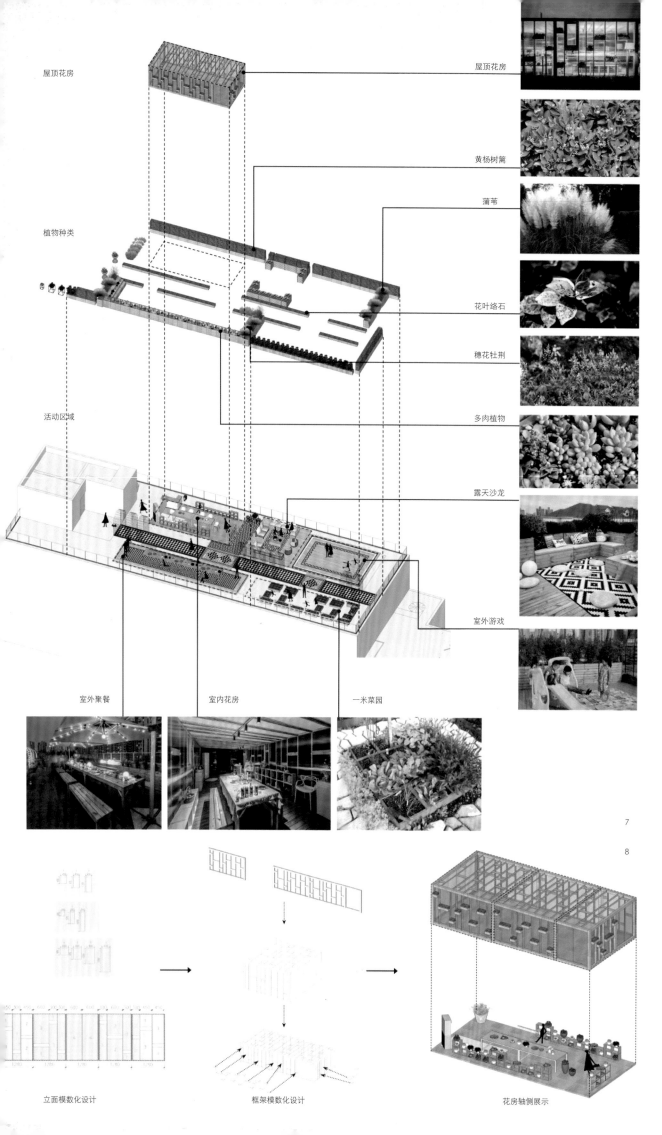

屋顶花房

屋顶花房

黄杨树篱

蒲苇

植物种类

花叶络石

穗花牡荆

多肉植物

活动区域

露天沙龙

室外游戏

室外聚餐　　　室内花房　　　一米菜园

立面模数化设计　　　框架模数化设计　　　花房轴侧展示

工照明、送排风扇等设施调节温室环境来保证农作物的全年生产。公司宣称，他们的栽培技术可以节省10倍的水资源和20倍的土壤。

其次，屋顶农场还可以节约能源、改善城市微观环境。一方面，屋顶农场提高了城市绿化水平，吸引鸟类、蝴蝶和蜜蜂等生物，改善城市微观生态环境；另一方面屋顶的蔬菜绿化可以隔离热量、积蓄雨水。在海牙，有一座政府投资兴建的屋顶农场Urban Farmers，拥有1 200m²的蔬菜大棚，下一层设计了一座370m²的养鱼池。楼下养鱼池里带着鱼粪的脏水，可以成为楼上农作物的饲料。农作物"净化"了的水，又流到楼下的养鱼池里。通过这种循环系统，水的消耗量降低了90%。

第三，城市屋顶农场还可以帮助城市居民了解农业知识，帮助他们关心自然、崇尚自然、回归自然，具有深远的社会意义。在纽约最具社会影响力的屋顶农场当属位于布鲁克林的"鹰街房顶农场"（Brooklyngrange rooftop farms）。公司目前在纽约拥有两处屋顶农场，共2.5英亩，大概每年生产约5万磅有机食物,还拥有30个天然蜂箱，每年生产1 500磅蜂蜜。团队的最初愿望就是利用闲置的城市屋顶空间，创建一个能够盈利的都市农业范本，并且为本地社区生产出健康、美味的蔬菜，同时还发挥生态效益。除了种植和售卖新鲜的当地蔬菜和草药，他们还从当地收集厨余垃

7

8

7.走神屋顶花园功能分区图
8.走神屋顶花园花房模数设计图
9-10.走神屋顶花园儿童游戏区实景照片
11.走神屋顶花园长桌区实景照片

坂循环利用，经常举办各类活动和教育课程，如浪漫的农场晚宴、婚礼、电影放映会或是种植和花艺课程等。他们还向全球客户提供城市农业和绿色屋顶咨询和安装服务，并与遍布纽约的众多非营利组织合作，促进地方社区的健康发展。

国外当前对于屋顶空间的绿色开发，同时注重经济、生态、社会等多方面的综合效益，为当前我国高密度城市的屋顶空间开发做出了很好的范例。

三、走神屋顶花园——上海屋顶空间开发利用实践

当前的上海和全球大都市面临着同样的问题，城市土地紧张、空间使用成本持续攀升、空间利用效率不足、城市绿色空间稀缺等。生活在大城市的居民在快速的工作和生活节奏，以及高额的空间使用成本的双重压力下，离自然越来越远。是否可以找到一种模式，对城市中心闲置的屋顶空间进行绿色地开发和运营，一方面挖掘城市空间的剩余经济价值，为市民提供更加低成本的绿色空间；另一方面也由此提升城市空间的绿化效率，改善城市的第五立面和微观生态环境。"走神屋顶花园"的创办便是对这样一种思考的回应和尝试。

"走神屋顶花园"于2016年7月由15名建筑设计师、规划设计师、景观设计师、灯光设计师、花艺师联合创办。其宗旨在于利用植物绿化和空间设计的手段，重新开发和利用城市闲置屋顶，通过功能复合、分时段利用、空间共享等方式，充分发掘屋顶空间的使用价值、降低空间的使用成本；倡导一种环保的、贴近自然的、在城市中心回归绿色的新的城市生活方式和生活态度。

"走神"的第一座屋顶花园位于曲阳路的祥德坊创意园。这个屋顶空间属于楼下的一家设计公司，他们一直想要改造这个屋顶作为员工休闲放松的空间，却苦于没有多余的资金以及运营维护的时间和精力。经过多次协商，"走神"团队与该公司达成协议，公司免费将场地交给"走神"经营和管理，但其员工可以享用这片场地，而"走神"负责投资、设计、建造并运营这座屋顶花园。成本回收后，其利润一部分用于花园维护运营，另一部分可供双方分成，以保证空间提供方和运营方的双赢。

在屋顶花园的空间设计上，我们也充分考虑了功能的复合性，以及分时共享的可能性。花园一共有500m²，包括花房区、长桌区、休闲区、儿童活动区以及一米菜园区等多个活动区域。花房区可以养植多肉植物；长桌区可容纳30人同时就餐；休闲区有地毯和木质沙发，是人们晒太阳聊天的绝佳场所；儿童活动区为小孩提供可以疯跑的空间，有滑梯和海洋球；一米菜园里种植了各类蔬菜，可供客人采摘和领养。

我们希望将这座花园打造成一个混合功能，多重利用方式的城市绿色空间。在空间设计和经营模式上，旧上海的屋顶游乐场还有美国的鹰街坊农场都给了我们很大的启发。在工作日，这里是走神花店的多肉植物养植空间、摄影工作室、各

12

类课程培训的场地、社区居民寄样蔬菜的菜园、露天瑜伽场和小型屋顶咖啡吧；周末，我们会举办花艺和设计相关的培训课程和讲座，晚间播放露天电影；还提供场地出租，人们可以在这里举办亲子聚会、生日派对、闺蜜趴、小型婚礼等各种活动。节假日，我们会举办各种大型的活动和派对。未来，我们还希望能够引入艺术展览、小型屋顶音乐会、浸没式剧场等更加有趣和丰富的活动。我们希望，通过创造性且复合性的空间利用，我们能充分地挖掘屋顶空间使用的潜力和可能性，提升其空间价值，并且激发城市生活的活力。

9月份开业以来，我们已经承办了多场私人派对，开设了花艺、烘焙等各类培训课程，并在万圣节举办了超过百人参加的大型派对。按照目前的盈利状况，我们有望在一年半到两年内收回成本。我们正在逐步摸索关于花园的建设和运营，希望把这座花园打造成城市居民得以日常休闲放松的绿色方舟。同时也在寻求更多的合作方，希望这种模式得以推广和发展，让城市拥有更多的绿色屋顶，让人们的生活更加绿色、更加创意、更加有活力。

参考文献

[1] 姜玉珍. 上海是一个海. 名人看名城丛书[M]. 上海画报出版社，2002.

[2] 周向频，胡月. 近代上海市游乐场的发展变迁及内因探析[J]. 城市规划学刊. 2008(03): 111-118.

作者简介

邓琳爽，同济大学建筑学博士。

13

14

12.走神屋顶花园花房实景照片
13.走神屋顶花园长桌区实景照片
14.走神屋顶花园休闲区实景照片

广州传统风貌社区环境微更新研究

Research on Micro-transformation of Traditional Landscape Urban Community Environment in Guangzhou City

乔 硕

Qiao Shuo

[摘 要] 在当今我国飞速发展的城市建设中，原有的环境格局发生了巨大变化。急剧增加的人口、高密集度的人类活动在一定程度上破坏了原本美好的居住、生活环境，这种消极的影响在城市的传统风貌社区中尤为明显。由于老城区中的传统风貌社区建设年代久远，基础设施配套缺乏，不能满足现代生活需要，加之人类密度的不断提高，如何能让传统社区焕发活力，如何能让城市包容发展，应成为城市规划关注的重点。本文针对广州传统风貌社区微改造的需求、目的和内容要素等进行了深入的分析研究，并以具体微改造实例来说明其必要性与实施意义。

[关键词] 广州；传统风貌社区；环境微改造

[Abstract] In today's rapid development of China's urban construction, the original environmental pattern has changed greatly. The increase in population, high concentration of human activities to a certain extent, destroyed the original Residential area and living environment, which negative impact is particularly evident in the city's traditional landscape communities. As the traditional communities in the old city have a long history, lack of supporting infrastructure and cannot satisfy the needs of modern life, coupled with the continuous improvement of human density, the focus of urban planning is how to make the traditional communities full of vitality, how to make the city inclusive development. In this paper, the demand, purpose and content elements of micro-transformation in Guangzhou traditional communities are analyzed and studied, and the necessity and implementation significance of the micro-transformation are explained with an example.

[Keywords] Guangzhou; Traditional Urban Community; Micro-transformation of Community Environment

[文章编号] 2018-79-A-013

一、传统风貌社区定义与环境构成

1. 传统风貌社区的定义

传统风貌型社区是指位于或者比邻历史文化保护街区、历史风貌片区及其周边协调区，或者其他尚未划入历史保护区范围，但是保留了较为突出的传统风貌或者地域特色的城市社区。

广州的传统风貌社区大多为清末至民国期间所建，这些社区大多规划布局有鲜明特色，建筑风格也很明显，建筑质量状况参差不齐，有些经过整治翻新，也有些处于年久失修的状态。最具有代表性的建筑类型有骑楼街、西关大屋、中西合璧式的洋房建筑等，总体看来，传统特色西关大屋与中西合璧的洋房重新利用及活化价值较高。大部分传统风貌型社区环境尚佳，特别是历史街区内，具备进行环境微改造的良好条件。

2. 传统风貌社区环境构成要素

通常，城市社区环境的构成要素可以分为广义与狭义两种。广义的构成要素是指人居环境层面的自然系统、人类系统、居住系统、社会系统和支撑系统五大类系统。

而本文研究的主要是传统风貌社区狭义的构成要素，即与社区居民日常密切相关的各种物质性因素

和条件，具体包括道路交通、景观绿地、社区市政与公共设施、房屋建筑四大类要素。

（1）道路交通：包括社区内机动、非机动交通系统，以及停车场、交通指示牌、无障碍设施等附属交通设施。

（2）景观绿化：包括社区内的道路绿化、开敞空间绿化、建筑立体绿化，以及各类硬质景观设施。

（3）市政与公共设施：包括各项市政公用及相应的附属设施，以及为居民提供公共性服务的功能设施。

（4）房屋建筑：社区房屋建筑以住宅建筑为主，此外，还包括部分商住混合建筑以及其他公共建筑。

二、广州传统风貌社区现状及改造历史

1. 广州传统风貌社区的衰落现状

我国目前正处在高速发展的关键时期，大部分民众对城市历史文化的认识上尚有欠缺，城市的价值取向与观念、环境治理、经济投入等方面都还存在许多问题。这些认识上的不足致使人们过多地把目光聚焦于高楼拔地而起的新城区，而忽略了人口密集、设施老旧的传统风貌社区，致使传统风貌社区的发展严重滞后于城市建设的步伐，处于一种放任无序发展的

极端。

由于居住的需求，城市中传统风貌社区急需扩张，没有足够的用地居民只能违、建插建，管线只能自行拉扯，这些无序的建设行为必然会改变老城原来的肌理，破坏社区公共及居住环境，社会不公平现象加剧，必然进一步引起诸多危及公共安全的问题。

2. 广州传统风貌社区环境整治历史

广州位于中国大陆南部，珠三角北缘，濒临南中国海域，独特的地理位置和历史变迁造就了广州独特的地域特色与岭南风情。广州的传统风貌社区主要集中在荔湾区、越秀区和海珠区这三部分中心城区内，历史上对于这些传统风貌社区的整治改造，主要分为以下几个重要阶段：

（1）建国初期——改革开放前后（1945—1985）

广州作为一直以来的开埠城市，受到近代西方城市建设思想的影响，充分体现了中西合璧的城市建设特征。在老城保护方面，充分保留了现荔湾区、越秀区内的大部分特色骑楼建筑，注重建筑单体的保护，但对于细部的整治和活化利用方面意识尚未觉醒。

（2）六运会前后——九运会（1986—2000）

从六运会到九运会期间，以北京路、上下九路为重点的一批商业街道改造项目，在一定程度上改善

了旧城区的街道环境。此外，陈家祠绿化广场、人民公园等一批城市社区公共场所的升级改造，为寸金寸土的荔湾老城增加了近7万平方米的绿地广场，改善了传统风貌社区缺乏公共活动空间的现状，提高了周边居民的生活环境质量。

（3）亚运会前后（2000—2010）

自2002年起至亚运会期间，广州的发展又一次借力于大事件，以建设最适宜人们生活居住与创业发展的宜居城市为出发点，解决城市中的深层次问题，提升城市文化品位与魅力。此次改造针对传统风貌区的力度最大，提出了"五区一街"的亮点，对一些传统风貌社区的改造达到了"微改造"要求的深度。

"一街"是指上下九商业步行街，借助亚运之机，将上下九路以及其周边的第十铺路、恩宁路等历史街区及其沿线的传统风貌街区、历史建筑等进行统一的改造修缮。"五区"指的是荔枝湾文化街区、十三行文化区、陈家祠广场、沙面欧陆风情休闲区以及水秀花香生态区这五个特色风貌区。

其中，对荔枝湾文化街区的整治，在恢复原有荔枝湾水系的同时，把周边居住社区的历史文化与人文景观进行整合与微改造，打造出一个集居住生活、休闲娱乐、观赏旅游多功能于一体的风情文化街区，为其附近居民的生活带来了质的改变。

3. 存在的问题与反思

从以上广州各个阶段城市更新的活动中可以发现，对于传统风貌社区的关注程度在逐渐增强，改造的精细化程度也不断提高，然而，传统风貌社区的改造依然还存在着许多不容忽视的问题。

（1）改造的多方主体难以协调

对于传统风貌社区而言，历史沉积的问题过多，改造难度大，主导政府、开发商、原住居民、外来租户这些参与主体的立场不同，矛盾重重。城市政府对传统风貌社区的资金投入和关注力度不足，这也导致城市规划在此方面缺乏人文关怀；开发商关注的是拿到有开发价值的土地，而对于环境整治根本无心无力；对于居民而言，对于自己家园的改造也显得有心无力，没有大多主导权。

（2）经验不足，改造方式单一

由于对传统风貌社区的改造还处在政府不积极、资金不到位，群众不关心的层面，往往多依赖于

大事件的推动，在短时间内大规模地进行，通常整治的重点也集中在外立面的修整和装饰上，没有多余的资金关注与居民生活相关的配套设施等内容，这种停留于表层的改造活动治标不治本，缺乏真正有效的指导经验与成功的操作模式。

三、社区环境微改造的定义及目标

1. 社区微改造的定义

2015年广州市政府发布了《广州市城市更新办法》，其中"微改造"是国内首次在城市更新的地方性政府规章中提出的概念。

不同于全面改造那种"以拆除重建为主的更新方式"，微改造的定义是指："在维持现状建设格局基本不变的前提下，通过建筑局部拆建、建筑物功能置换、保留修缮，以及整治改善、保护、活化、完善基础设施等办法实施的更新方式，主要适用于建成区对城市整体格局影响不大，但现状用地功能与周边发展存在矛盾、用地效率低、人居环境差的地块。"

由于以往对传统风貌社区的改造不能深入人心，"微改造"这一概念的提出，为城市规划中关注民生现状提供了依据，为推动传统风貌社区的改造更新活动提供更加科学合理、高效安全的工作思路与方法。

2. 社区微改造的特点

城市社区环境微改造与"城市环境整治"和"城市更新"相比，其特点有一定的相似之处，但是"城市环境整治"和"城市更新"目的偏重于市容市貌、卫生环境等相对表象化的目标，对社会、经济、文化、文人等目标涉及较少，因此，社区环境微改造应更加关注这些多元化的目标。

总而言之，社区微改造涵盖了"整建"与"维护"的内容和特点，与城市更新和环境整治相比，涉及的方面更加细致，针对性更强，并且更具有人文关怀，从人本的角度出发，改善那些真正能为居民生活带来变化的内容。通过渐进式的、小微规模的、以人为本的更新方式来得以实现。

3. 传统风貌社区微改造的目标

传统风貌社区进行环境微改造的目标主要是为了进行修缮、整治和完善、改善社区人居环境，完善

功能配套及服务设施，保护历史人文街区，修复社区生态环境。不仅要实现社区环境在客观物质层面上的更新改造，同时，要兼顾体现社会、文化、经济、人文等综合效益，促进城市社区环境的整体提升和有机更新。

（1）完善功能配套、打造和谐社区

随着生活水平的提高，现阶段的城市居民对社区服务的类型和标准提出了更高的要求。社区环境微改造应在现状评价的基础上，针对居民对交通出行、文化娱乐、休闲健身、安全减灾等方面的更高需求，提供充足的物质更新空间。

（2）推广节能环保，建设绿色家园

传统风貌社区微改造要以建设生态文明为指导思想，贯彻落实国家的绿色发展理念，积极推广节能，垃圾分类收集、建设海绵城市等绿色、环保技术措施，为创建绿色社区创造良好硬件基础。

（3）改善建成环境，建设美丽社区

社区物质环境更新可以消除安全隐患，提高卫生水平，塑造良好形象。优良的建成环境对改善居民生活质量、提升居民自豪感具有非常明显的作用，同时环境改善还可以吸引社区商业的聚集，为居民创造一定的就业与经济福利。

（4）尊重特色差异，塑造文化社区

构建传统风貌社区环境特色的布局形态、建筑风格、景观风貌等因素反映了地域自然条件和人文条件在社区环境上的投影。一个城市的传统风貌社区是发展历史的缩影，因此传统风貌社区环境既有宏观层面的一致性，又有微观层面的差异性。

例如，广州荔湾区的传统风貌社区，其环境总体上呈现出岭南特色，但是西关大屋、东山洋房区等在特定时期形成的社区在其形态布局和建筑风格上又具有显著差异。因此，传统风貌社区环境的微改造应在把握总体风格的基础上，尊重每个社区的文化个性和文化层面的特色差异，尽量保留建筑与环境中原有的历史痕迹和元素，塑造具有个性和特色文化的历史社区。

四、传统风貌社区微改造的内容

1. 传统风貌社区环境改造内容要素

经历了漫长时间的洗礼，传统风貌社区的环境

要素日趋复杂，本文针对具有普遍意义的社区微改造内容进行分析，以便提出具有适用性的改造建议。具体分为社区道路交通、社区绿化景观、社区市政与公用服务设施、社区房屋建筑等四大类。

（1）传统风貌社区道路交通

社区道路是指承担社区内部交通联系和居民交往的功能道路，主要包括主干道路、次要道路和入户道路，也可以对应《城市居住区规划设计规范GB50180—93（2016版）》中的居住区级道路、小区级、组团级和宅间路。

总的来看，广州现存的大部分传统风貌型社区因建设年代相对久远、建设技术标准偏低、历史加建等原因，普遍存在路面老化破损、道路系统不完善、断头路和口袋路多、消防通道不畅通、缺少停车设施和交通混乱等问题。

针对传统风貌社区道路交通的现状，微改造应达到完善道路系统、消除安全隐患、改善步行环境、提升服务设施和修缮路面材料的目的，各要素具体要求包括以下内容（详见表1）。

（2）社区绿化景观

大部分传统风貌社区通常居住人口高度密集，生活环境较为局促，因此，社区中的绿化景观就显得尤为重要，对社区内面貌与人工生态系统平衡起着重要作用，可为密集的居住人群创建一个具有新鲜空气和户外交流互动的场所，对居民的身心健康具有重要价值。

针对这些社区中用地紧张的现状，可以采用见缝插绿、边角地建绿、立体绿化等多种手段，提高社区绿地品质。社区绿化与景观在植物配置、植物选择、维护管理等方面都应满足有关要求。尽量做到选用本地特色植物，注重乔木、灌木与草本植物的协调配置，注重观花植物、观叶植物与观果植物的结合，实现四季有花、冬夏常青的宜人景色。

整合可利用的场地，创造社区开敞休闲空间，供邻里交往互动，娱乐休闲活动使用。广场的硬质铺装面积不宜超过50%，铺装应采用与传统风貌协调一致的材质，并考虑其透水性和防滑性。

（3）社区市政与公共服务设施

社区市政与公共设施是维持社区正常运转和居民生活质量的支撑系统，包括给水、排水、电力、通信、照明环卫设施以及为居民日常生活服务的公共设施。通过社区环境微改造，对老化的市政和公

共设施进行更换、加强和补充，提高市政设施的整体支撑能力，为社区居民创造更加安全、清洁、舒适的生活环境。

传统风貌社区的市政管网设计标准和建设水平普遍偏低，市政管网老化、管道破损堵塞、管线架设杂乱、维护管理不力、设施配套不足的问题较为普遍，容易出现供水不足、逢雨内涝、线路乱拉、照明暗点、垃圾乱放等现象。

（4）社区房屋建筑

社区房屋建筑包括住宅、社区配套公建等内容，有些还包括个别城市级公共建筑，或者废弃建筑等。房屋建筑不仅是居民生活居住的载体，更是构成社区环境界面、体现低于文化特色的最重要空间要素，因此社区环境微改造应重点关注房屋建筑。

针对不同类型的传统风貌社区环境，应采取差异化的微改造措施，更有针对性地解决社区内部的突出问题。

2. 传统风貌型社区改造重点

传统风貌型社区微改造的重点是"修复"，首先要保持并修复社区整体格局与建筑外观的原来风貌，传承历史文化。其次，在保护传统格局的基础上对不适当处进行优化，并结合城市发展和居民需要调整部分建筑的使用功能，实现建筑功能更新，以适应当代居民的生活需要。此外，重点加强对外部环境和市政公共服务设施的更新改造，提高社区环境的宜居性，一方面留住原住居民，另一方面吸引新加入居民，对传统风貌街区实行动态保护，增强社区活力。

传统风貌型社区微改造的重点内容：

（1）优化道路系统结构，保证内外联系畅通，便于消防、救护、搬运等车辆通行。疏通消防通道，消除安全隐患。在满足内部道路系统负荷的基础上适当增加停车设施，更新交通指示系统。

（2）修复更新社区道路路面，路面铺装材料选择要与社区风貌相协调。

（3）加强社区绿化景观建设，提高社区绿地率。保护原有绿化，新增的绿化植物和雕塑小品等硬质景观设施要与社区风貌相协调。

（4）维修或增建市政基础设施，注重排水系统整改、"三线"下地、社区照明等市政设施的改造。

（5）结合危房破房、违法建设清理，对建筑整

体布局进行优化。

（6）增加休闲健身、文化娱乐、公共安全、环境卫生等社区公共设施。

（7）在保护建筑原有风格的基础上进行建筑修缮或结构加固，通过局部拆建、历史建筑合理利用进行功能更新与活化。

五、实例分析——广州荔枝湾及周边社区环境微改造

1. 微改造的必要性分析

荔枝湾坐落于广州市荔湾区，是泮塘周围的西关涌和荔枝涌的几条河汊的总称，因历史上河涌两边种植荔枝而得名，是著名的羊城八景之一。由于其毗邻珠江的特殊地理位置，西关腹地汇聚众多名人雅客，荔枝湾周边发展成为独具岭南水乡风情的历史文化街区。

（1）延续岭南历史风貌必要性

南来北往的游客如果想感受最原汁原味的广州西关文化，那么荔枝湾无疑是最为合适的选择。这里有屹立百年的西关大屋、代代相传的西关故事，有独具魅力的西关生活，更有沿街叫卖的传统小吃与粤剧文化。

但是在建国后，随着广州市城区的不断扩张，荔枝湾地区大部分原属于私人的大宅被划分为公屋，其河岸两侧的荔枝林也逐渐被一些居民变为生存所需的菜地。改革开放前后，河涌周边开始建设化工厂、染料厂等，致使荔枝湾原有的"十里荷香"的一湾碧水日益恶化。20世纪90年代，荔枝湾最终因为严重的污染不堪重负，终日臭气漫天，沦为马路下的暗涌。

直至亚运会这一契机，对于荔枝湾河涌的整治工作重新得到了政府和市民的关注，荔枝湾得以重现旧日风采，恢复了"一溪溪水绿，两岸荔枝红"的盛景尤为必要，同时打造成弘扬岭南水乡文化、西关风情的旅游胜地。

（2）改善居民生活环境的必要性

荔枝湾不仅仅是一条河涌，还包括其周边的传统风貌社区，这些社区大多属于风貌协调区，其中还有一些社区被列入了广州重点保护历史街区，例如最具特色的逢源街西关大屋社区。

因为年久失修，许多房屋的风貌特色已不存在，

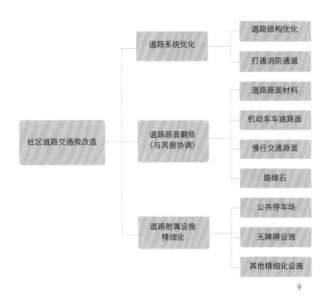

9

10

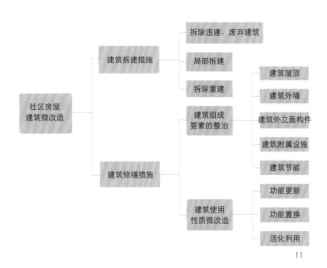

11

并且不能适应现代的需要。虽然过去也有过几次突击式的整改，但是仅仅是停留于表层的涂脂抹粉式的改造，对于原有的建筑饰面反而造成了一定的破坏，而对于真正关系到居民生活的基础设施没有提上过整治日程。

同时，社区内缺乏共人们交流活动的公共场所，仅有的小广场也因缺乏绿化鲜有居民使用，而社区内本来就狭窄的道路也堆满杂物，给交通和消防带来隐患，致使社区居民日常交流越来越少。

因此，对逢源街西关大屋社区的微改造工作显得异常迫切，尤其是除了房屋建筑以外的社区要素，是以往改造中经常被忽略的重点。借助社区环境微改造，可以有效地改变社区内基础设施落后，缺乏公共活动场所以及交通系统混乱的现状，从根本上改善居民的生活环境，提高生活质量。

2. 微改造的方法与实施策略

逢源街西关大屋社区内约有住户1 400余户，常住人口5 500多人，大部分住户为原有屋主，也包括部分外来租客和小商贩。随着岁月的侵蚀、人口的增加、城市污染的持续严重，这个原本独具西关风情的历史社区逐渐失去昔日风采，许多由此承载的历史文化、传统风貌也随之破败，对于逢源街西关大屋社区环境的微改造工作势在必行。

（1）街巷疏通与交通微改造

逢源街西关大屋社区内拥有大量的历史保护建筑，又毗邻荔枝湾风景区，是中外游客来广州感受岭南水乡风情的必游之地。但是受到用地资源紧张缺乏停车设施的限制及街道狭窄的约束，许多游客常抱怨无法停车，许多人都需要将车停在几公里外再步行来此，也因为如此，流失了部分游客资源。

针对社区内的交通现状，微改造的重点放在慢行交通系统以及静态交通设施的完善上。慢行交通最能体现微改造"以人为本"的宗旨，在社区周边增加了集中的停车场，将车行交通控制在社区外围，最大程度地保护了内部环境。除此之外，对侵占社区道路的违章构筑物及堆放的杂物进行清拆，清除街道卫生死角，疏通了原有街巷肌理，消除消防隐患。

对社区内的慢行道路路面进行更新，利用与传统风貌协调性高的路面材料，如鹅卵石、青麻石、灰色地砖等对破旧的路面进行修复。对于下水道井盖等影响路面统一性的设施也用相同材质铺砌，以达到更好的视觉效果。

（2）绿化景观微改造

借助社区良好的区位条件，重点完善荔枝湾两侧的景观绿化，补充种植具有岭南特色的植物如荔枝树、垂柳、四季桂、荷花、紫荆树等，再现"一湾春水绿，两岸荔枝红"的滨水景观带。同时，对社区内原有的古树名木进行保护，强化社区内古朴的历史风貌。在居民房屋周边种植灌木及小型乔木，克服此类传统风貌舍内绿化空间不足的问题，见缝插针地创造良好的景观环境。

传统历史街区内普遍存在建筑拥挤，开场空间缺乏的问题，可见增设硬质广场的重要性。因此，在社区内进行场地整合，在重要的文物建筑周边增建社区内部的小广场和开场空间，不仅满足居民日常交流互动，还可以达到防灾疏散等功能的要求。同时配合建设部分特色景观小品，以达到烘托西关风情的作用。

（3）公共设施与基础设施微改造

通过微改造的行动，将逢源街西关大屋社区内的给排水基础设施进行整治，通过雨污分流的改造，根本上解决了以往雨天"水浸街"的问题。对于屋外乱拉乱扯的管线，进行统一规划，实现"三线"下地，从根本上解决社区内的安全隐患，同时也改善了建筑外立面的风貌效果。社区街道内常年堆放的杂物、垃圾等也通过环卫设施的改造得到解决，提高了社区内的公共卫生水平，改善人居环境，促进了传统风貌社区民生问题的解决。

对社区内的指示牌与路灯、座椅等街道小品，进行了特色化改造，选择与西关风貌协调的材质，如原木、石材等，既丰富基础设施建设，又点缀了街道环境。增补公共服务设施，方便居民在住所附近开展游乐健身、社会交往等日常活动。

（4）房屋建筑微改造

①文物建筑

该社区内保留有大量的历史建筑，以及与西关民俗风情相关的文物遗迹，例如荔湾博物馆、蒋光鼐故居、文塔、小画舫斋等，但是在多年失修以后，许多建筑已经失去了

原有的风貌。对于此类文物建筑，微改造的重点是清拆了其周边影响视觉观感的违建建筑，使得周边环境得到改善。清洗外墙的石材，对屋顶脱落的瓦片和墙身上破损的砖面进行修复，对富有传统特色的构件如阳台、柱子、窗框等也进行了统一修整。部分建筑内部改造为小型博物馆或展览馆，活化利用，赋予其新的使用价值。

②西关大屋民居

对于普通的西关大屋民居建筑，大部分功能是以居住为主的，也有部分为底层商铺的混合式建筑。这些大屋多为木梁坡屋顶建筑，一至两层，面宽在8m左右，具有十分鲜明的岭南特色。对于此类大屋建筑的微改造主要方法为清理周边违章搭建，对私自拉扯的线路进行规划整改，保证建筑立面的整洁。同时，将破损的外墙面和装饰构件进行修复，选取风格协调一致的墙面砖，统一门窗、山墙、檐口等建筑细部装饰元素。

还有部分底层商铺的商住混合式楼房，集中分布在荔枝湾河涌两侧，此类建筑受到西方建筑影响，多有中西合璧的特色。微改造重点为清洗外立面，修缮老旧的外墙材料，并对细节和内部空间进行还原。

③现代住宅

除了风貌较为统一协调的传统建筑之外，社区内还有部分1949年后建设的多层居民楼房，对于此类住宅楼微改造的重点是将其外立面进行风貌协调处理，加贴青砖贴面，对门窗等构件进行翻新，并在细节上尽量处理得与传统建筑风貌一致。对空调室外机架、防盗网等构件也进行统一装饰。

3. 微改造的成效

针对具体的案例分析可知，对于广州传统风貌社区环境的微改造取得了一定的成效，尤其在民生工程方面，效果显著，并提供了一套可以参考的模式与策略，是具有可行性的。这些微改造的成果，关系到社区居民的切身利益，因此也在一定程度上带动了广大市民对于广州传统风貌社区保护和改造的热情，营造了良好的舆论氛围，为后续广州类似的传统风貌社区环境的微改造提供了方法指导，奠定了良好的策略基础。

4. 微改造的意义

（1）促进历史文化保护与传统风貌延续

一个城市中最具人气、最让人记忆深刻的地方，绝不是空旷的城市广场、矗立的高楼大厦，也不是人们常说的那栋标志性建筑，而是城市的传统风貌与历史文化。传统社区微改造是建立在对社区环境详细调查的基础之上，能更加准确地掌握社区内的物质环境特征及社会、经济状况中存在的问题，可以根据分类制定详细的改造方案。

经过成功的环境微改造后，逢源街西关大屋社区内的历史遗存得到更好的保护，也恢复了曾经一度消失的岭南传统民俗活动"泮塘龙舟"，促进了非物质文化遗产的传承。让这个代表着广州历史、代表着岭南文化的脉络的传统风貌社区换发新的活力。

（2）疏解交通矛盾，优化交通体系

在逢源街西关大屋社区环境微改造过程中，打通了荔枝湾两侧打通沿河涌的步行系统，禁止车辆进入，将客流引入社区内部。周边增设了多处集中停车场，形成了安全舒适的人车交通分流体系。交通改造将最大程度地保护传统社区风貌与肌理，同时将慢行交通的理念引入社区发展的策略中，让更多的游客不仅游览荔枝湾，更关注着西关传统风貌社区的文化环境。

（3）改善民生提升基础服务设施

传统风貌社区是城市发展过程中历史最悠久的地区，同时，也是人口最为密集、生活状况拥挤、问题最为集中的地区，传统风貌社区的环境状况深切的影响着居住在这里的每个人。以往的旧城改造活动多依赖于大事件的推动的改造活动，往往在短时间内大规模的进行，这种停留于表层的改造活动缺乏有效的指导经验与成功的操作模式。

社区环境微改造是一项民生工程，而不是面子工程，它更加关注"人"这一居住主体，以人为出发点，从社区环境的细节着手，它的意义在于追求人与自然的和谐共存。通过微改造的行动，逢源街西关大屋社区内市政基础设施得到根本改善。增补公共服务设施，方便居民在住所附近开展游乐健身、社会交往等日常活动。社区街道内常年堆放的杂物、垃圾等也通过环卫设施的改造得到解决，提高了社区内的公共卫生水平，改善人居环境，促进了社区民生问题的解决。

（4）包容发展引导城市资源配置

目前我国已进入了旅游消费爆发性增长的高峰时期，居民对于旅游的需求日益增长，对旅游品质的要求也成为旅游消费的重点。如何推动广州老城传统风貌社区的旅游发展，是从根本上提高当地居民生活质量的关键。

对传统社区环境微改造的工作不仅应关注物质层面的改造，更关注社区内部功能的开发与置换，以此带动传统风貌社区的旅游业发展、生态环境建设等全方位的综合效益。打造具有岭南特色的休闲度假、文化商贸旅游线路，促进旅业发展，并具有历史文化保护观念的升级转型。

这些环境微改造成果体现了城市规划的包容性，为传统风貌社区提出环境整治与改善的相关政策和方法建议，推动传统风貌社区人性化发展。在现代化的进程中不断地将城市的历史文化及其载体进行优化完善，营造出传统与现代共生共荣的生活场所，合理配置城市公共、社会资源，打造出一张独具特色城市名片。

参考文献

[1]广州市人民政府. 广州市城市更新办法. 2015.

[2]甘有军，朱露. 广州市城市社区环境微改造技术指南[M].北京：中国林业出版社，2017.

[3]周艳薇. 广州老城区环境整治研究[D].广州：华南理工大学，2012：59-68.

[4]赖寿华，袁振杰. 广州亚运与城市更新的反思——以广州市荔湾区荔枝湾整治工程为例[J].规划师.2010.26(12):16-27.

[5]刘菁. 旧城沿街建筑立面更新工程浅议[J].建筑设计管理，2010，27(12)：41-43.

作者简介

乔 硕，广州市市政工程设计研究总院，工程师，硕士。

9.社区道路交通微改造要素框架图
10.社区市政与公共设施微改造要素框架图
11.房屋建筑设施微改造要素框架图
12-15.微改造实景图

专题案例
Subject Case
社区实践
Community Practice

人性化的城市更新实践
——杨浦区创智天地社区城市微更新

Humanized City Renewal Practice
—Urban Micro Transformation of Chuangzhi World Community, Yangpu District

奚海冰　曾荆玉
Xi Haibing　Zeng Jingyu

[摘　要]　本文以上海杨浦区创智天地社区景观提升设计为例，通过关注城市规划的人性化维度，以打造生态绿轴和艺术地标街区为社区改造原则，激发社区活力，提升人们在社区中的生活品质，总结设计经验，在城市微更新实践中，只有将环境和人结合起来的设计才是真正可持续的。

[关键词]　人性化；城市微更新；创智天地；社区

[Abstract]　This paper takes the chuangzhi world community of Yangpu District in Shanghai as an example. By creating the ecological green axis and the artistic landmark area as the community transformation principle, we can stimulate the community vitality and enhance people's community Quality of life. Learning from the design experience, in the city micro-update practice, the sustainable design is to tie environment and people together.

[Keywords]　humanized; city micro-update; Chuangzhi World; community

[文章编号]　2018-79-P-018

1.景观概念设计总平面图
2.城市轴线分析研究图
3.区域开放景观空间分析图

一、缘起——创智天地社区城市空间研究

城市更新是一种将城市中已经不适应现代化城市社会生活的地区作必要的、有计划的改建活动。早在1858年，在荷兰召开的第一次城市更新研讨会上，对城市更新作了有关的说明：生活在城市中的人，对于自己所居住的建筑物、周围的环境或出行、购物、娱乐及其他生活活动有各种不同的期望和不满；对于自己所居住的房屋的修理改造，对于街道、公园、绿地和不良住宅区等环境的改善有要求及早施行，以形成舒适的生活环境和美丽的市容。包括所有这些内容的城市建设活动都是城市更新。

2015年9月，我们受瑞安集团的委托，进行创智天地项目的景观提升设计。业主方的诉求是希望我们研究这个已经建成十年的社区，关注城市规划的人性化维度，看是否可以进一步激发它的活力，改善交通停车的情况，提升人们在社区里的生活品质。对城市规划的人性化维度关注的增加，反映了对追求更加美好的城市品质的一种明确的、强度的需求。在为城市空间中的人的改善和追求充满活力的、安全的、可持续的且健康的城市的梦想之间有着直接的联系。

创智天地社区位于江湾—五角场城市副中心的核心区域，紧邻轨道交通10号线及17号线，基础设施发达，交通便利。作为新江湾社区的重要门户和组成部分，创智天地社区拥有极佳的区位优势，是城市空间的重要节点。其周边环绕众多的国际知名高校，以及创意产业园区，知识创新氛围浓厚。

从规划的角度来看，我们意识到研究这一区域和周边建筑项目及城市空间的联系，以及其景观空间的功能组织，是一件极其重要的事。因为这意味着，我们如何定位这一区域，从而思考我们将赋予其何种的特质？

我们对于创智天地和周边城市空间的联系，提出了三个轴线的定义。

（1）以大学路为空间载体，引向历史节点江湾体育场的"历史和城市庆典之轴"。

（2）以锦嘉路为空间载体，引向创智天地北区三门路区域的"时尚艺术之轴"。

（3）以伟建路为空间载体，南北向的"城市生态绿轴"。

同时，我们对整体创智天地的区域开放景观空间进行了整体梳理，确定了我们对于区域的景观空间的分层定位。并调研整体社区，研究创智天地社区在各层级公共空间中可以进行提升的机遇。同时，我们和业主共同探讨，选择进行景观提升的区域，一步步研究其在各自的空间定位，赋予其相应定位及提升策略。

整体社区的提升原则是：打造生态绿轴和艺术地标街区。

第一步是生态绿轴区域的打造。

芷澜环境拥有多年研究生态农业景观的经验，我们坚信生态景观是景观未来可持续发展的必然趋势。对于环境的过度索取，是"都市病"的成因，而生态型景观，将尝试重新建立人与人、人与自然、人与社会的健康连接。都市社区农业的景观模式，是我们认为可以探索的一个方向。这个方向，将具有生态、互动、亲子、教育、时尚、节庆、休闲、创意等多重含义。

第二步是艺术地标街区的打造。

生态是内涵，文创是助推。将生态与文化艺术相结合，将形成创智天地社区生生不息的生命力。

瑞安业主在和我们进行了初期概念沟通后，对于这个方向给予了肯定和支持。我们的创智天地社区微改造步骤，定为第一步为伟建路生态绿轴，第二步为沿大学路城市庆典轴。

同时，杨浦科创公司在初步了解我们的社区景观空间框架研究之后，也表示极大支持，委托我们进一步对伟建路从三门路到大学路区段，大约1km长的整体生态绿轴进行规划研究。相应成果将由区规划绿

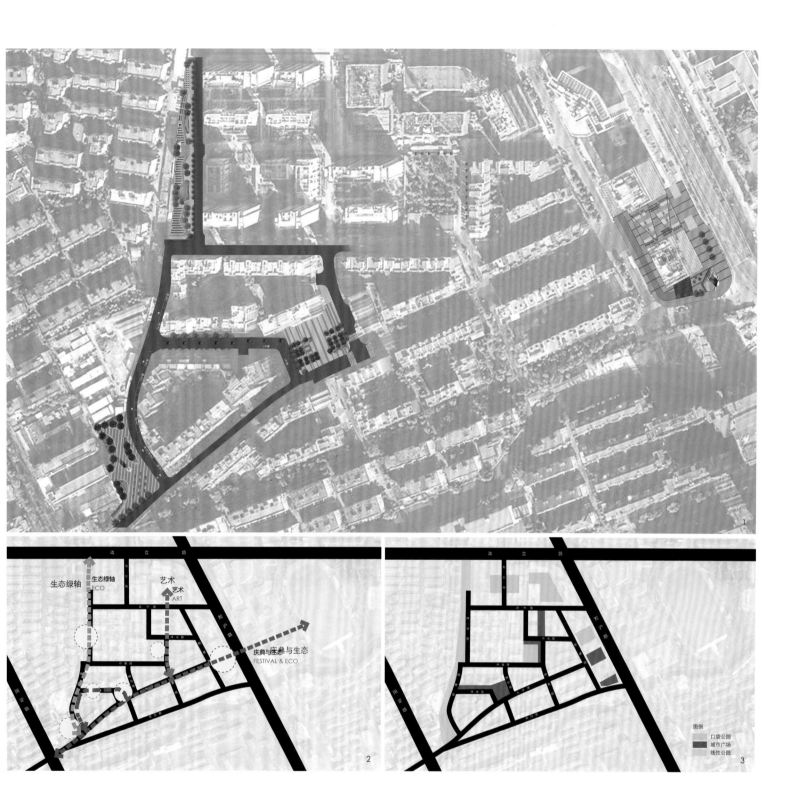

化部门审议。

二、延展——绿轴规划设计研究

区域级的绿轴研究由此展开。在杨浦区整体绿地规划中，与本区域一路之隔的"新江湾城"是杨浦区北部的"绿肺"，其内部已完整整合生态湿地公园、绿化景观步行道及社区公园绿地。整个绿化体系南部以三门路为界。

基于以上背景，2014年年底，为提升整个园区的绿化景观品质，提出了"绿轴"的议题。旨在将北

部"绿肺"的绿化引入"科技创新中心"区域，并在设计中寻求属于本区域的特色绿化，完美融合居住、工作、休闲、娱乐、学习等多种要素，满足区域内居民和消费群体的多种需求。

踏勘现场及整理资料后，我们研究发现，伟建路从三门路到大学路区段，大约1km长的生态绿轴，其地下是城市排污管廊，地上部分是城市绿地空间。目前这些绿地空间现状各不相同：沿城市道路的绿化地（之前为施工临时搭建），大学院校的开放式庭院（在建的复旦大学管理学院），一所小学，一片拟建设的公建用地，三门路城市地铁交通枢纽区域（连接

12个地铁口）。这段生态绿轴向北延伸，和江湾城的绿道系统是整体连通起来的，共同构成杨浦区的基础绿化。这1km生态绿轴的多样性和功能的复合性，以及建设的时序不确定性，使得生态绿轴的定位不太清晰。这样一些似乎差异很大，略为分散的空间，更应当以一个鲜明的主题统合起来。

我们以人性化城市和都市农业景观作为出发点，将生态绿轴做了设计定位。这一公里生态绿轴，在杨浦区整体绿色空间网络中，是非常核心的城市区域绿色空间。因此，我们定位其为"生态之心"。这里将建立都市田园示范区，以丰富的动植物群落及完

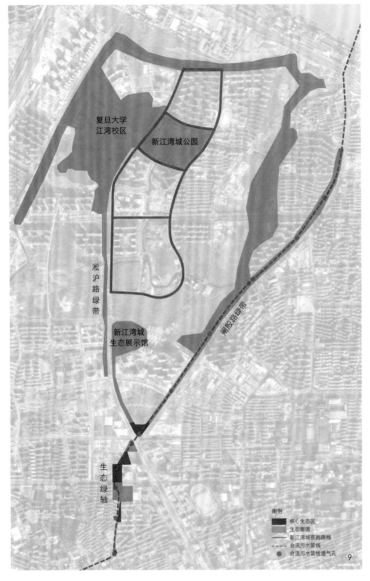

9

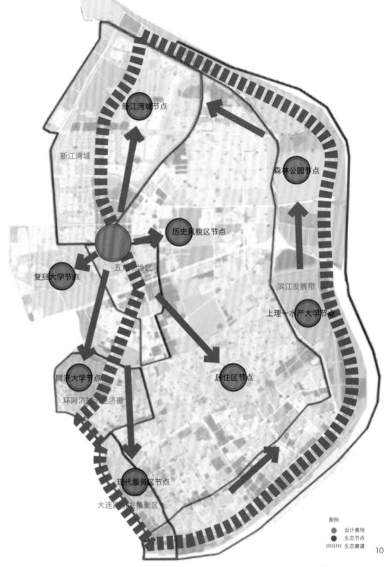

10

4.社区农场概念平面图　　　　　　8.大学路广场改造前实景图
5.建设过程中的创智农园照片　　　9.绿轴在杨浦区的绿地系统中的区位图
6.建设完成的创智农园照片　　　　10.生态规划框架图
7.创智农园服务中心及农园小广场照片

善的水循环体系构成核心生态区，并辐射淞沪路及闸殷路生态廊道，与新江湾城湿地公园及复旦大学江湾校区绿地共同构成环形生态链。

对于整体杨浦区的生态规划网络系统提出了三大计划：

（1）可持续都市计划

沿滨江发展带及淞沪路—四平路—大连路发展带构成的生态环廊发展都市农业，促进都市生态多样性及可持续性。

（2）可持续校园计划

以生态绿轴设计基地为核心，辐射周边的复旦大学、同济大学、上海理工大学及上海水产大学，形成产学研基地，促进与生态及农业相关学科的发展。

（3）可持续社区计划

沿生态绿轴及生态环廊发展都市农业，举办种植课堂、有机食品集市等活动，吸引周边居民及白领参与，传播生态理念并激活社区，提升社区凝聚力。

从规划框架上，我们进一步确定了生态绿轴的规划策略：

（1）生态主题

以生态造园为基础建设，推行环境保护资源回收，发展文化创意产业。生态造园的终极目标是自然与艺术的结合。

（2）互动原则

设计融合生态、绿色、环保、亲民理念，与景观美学相结合，创造互动型都市农业景观。

（3）创智核心

设计以营建大创智绿轴为目的，强化生态创业主题。

整体绿轴三大功能特质：都市生态植物园、都市环保教育园、都市文化创意园。整体绿轴分为五大区域，由北至南分别为：创智之桥公园、生态之心公园、生态校园、生态文化社区、创智文化花园。生态主题从功能和使用上，联动起这五个区域，将使整个绿轴呈现出有生机的景观，是我们的设计主旨。

独具特色的农业景观将有效联动这个区域的社区、校区和园区。绿轴上的校园，可以改造成为生态校园，而校园中的学生也会是整个绿轴的参与者。

此规划研究报区里规划绿化部门审议后，确定南部绿轴成为一期启动区。将生态文化社区（伟建路社区农场，后定名为创智农园）定为启动区中第一个启动点。创智天地社区微改造步骤确定下来，伟建路生态绿轴启动点为创智农园，沿大学路城市庆典轴启动点为伟德路街区和大学路广场两处。

11.伟德路改造前实景图
12.伟德路及大学路广场景观平面图
13.伟德路景观效果图

三、启动——社区城市微改造

1. 都市农园的营造

南部一期启动区中，生态绿轴的启动区为"生态文化社区"。该区域位于锦崇路西侧，与江湾翰林一路之隔。其周边遍布居住社区，故此处，设计意图打造一个社区生态花园，鼓励居民走进生态农场，参与有机种植，以促进居民交流。设计概念包括以下的几个方面。

（1）海绵花园概念：增加雨水渗透率，设计在人行步道使用透水砖，广场使用透水混凝土，休闲步道使用碎石铺装。选用强健、不易生病虫害的乔木及果树，铺设野花草坪。整体养护中按照有机农业标准，不喷洒农药及除草剂。社区生态花园内设计有两处雨水花园，在暴雨后可以短暂蓄水。不仅减少了城市内涝，并且收集的雨水可以用来浇灌绿地及农田。

（2）生态农场展示概念：种植不易生病虫害的

果树，可供市民们在不同季节前来采摘。绿地内沿围墙规划775m²的轮种区，按不同作物的生长规律，轮种小麦、油菜、向日葵及蔬菜等，并可以渐渐引导周边市民前来承包菜园耕种。

（3）农园设施使用概念：农园服务中心、周末自然课堂。为参与社区活动的人群讲解怎样与自然对话、如何掌握最简单的都市农耕种植方法。

（4）环保垃圾回收概念：设立堆肥点，可以有效消化来自农场及周边居民区的农业和厨余垃圾，而产生的肥料可用于农场施肥，形成一条生态循环链，看得见的环保有机垃圾在地回用措施。

农场是一块狭长的三角地，我们以一条折线形的小路穿过该地块，形成南北向的通路，同时沿途区分开农作区和传统绿化区。考虑到作物种植的管理需求，我们以小围栏来将农作区进行了适当分隔。同时，设置两处小水塘，建成水陆生物的完整生态链，同时形成雨水花园。

中央设置一处小广场，并设置农场服务中心。

概念方案形成的同时，我们认为，与常规景观不同之处在于这个启动农园的运作。不能仅仅从设计层面上进行研究，对于都市生态农业项目，设计和运营是息息相关的。基于芷澜对于农业景观多年来的实践经验，我们在推进设计研究的同时，开始为业主考虑首要问题：谁来管理和运营这个社区农场？找到潜在的运营团队，并和他们一起来研究推进出一个可行的模式，并成为下一步深化设计的依据，是至关重要的。

我们建议业主，可以尝试将这个社区农场打造成为农夫市集的一个固定地点。人们可以在这里体验农耕的乐趣，周边居民也可以在这里采购到新鲜安全的食品，定期举办多种多样的活动，应该是可以尝试的吧？

因此，芷澜向业主推荐了潜在的运营者，而有机农夫市集的组织者也非常乐意来争取这样一个农场

的运营权。于是我们和农夫市集的组织者和核心农户，一起坐下来讨论，听取他们的运营需求。这样的沟通，给出了很多进一步设计研究的具体的建议。

我们的设计理念是"由需求到设计"。我们认为，设计是为使用者服务的，设计的推进，必然遵循客户为导向的原则。如果不了解使用者（客户）的需求，只依据于设计师想象而实施出来的项目，必然会有许多问题产生。在这个项目上，我们一方面为运营进行了推动，一方面和潜在运营者一起梳理出一个更为清晰的农场功能空间。

人的导入和活动、农场的管理和运营模式、综合成本的考量、设施的布局及尺度，这些问题，我们都进行了充分考量。

这样的一个综合解决方案式的深化方案稿，最终得到了潜在运营者和业主双方的认可，因此我们很有底气地把定稿的方案提交业主。确认运营方之后，进一步沟通完成改造施工图工作。

而改造的过程中，设计方、业主方、运营方、施工方的良好互动促使创智农园在一打造完成交付使用之时，就成为一个生机勃勃的社区的活力驱动点。

2. 大学路广场和伟德路景观改造

这一区域属于沿属于大学路的"城市历史与庆典之轴"。

城市空间中的生活的共同特征就是活动的多样性和复杂性，并且在有目的地步行、购物、休息、逗留和交流之间存在着许多重叠且频繁的转换。大学路广场已经使用了十年，铺装及设施已经相当老化，无法形成足够吸引力让人们逗留。过多的香樟树以及林下过多的灌木种植区，缺少季相变化，使得城市景观显得比较单调，也阻碍了人们的各种活动的进行。

在狭窄的街道和小型空间中，我们能够在周围近距离范围看到建筑、细部和人。有许多对文化的吸收，建筑与活动丰富多彩，而且我们怀着极大的强烈愿望加以体验。我们感受到这种场景是温暖的，个性化的且受到欢迎的。我们调整大学路广场的布局，以一条视线通廊，穿过广场，连接起大学路和伟德路。移走若干棵常绿的香樟树，用大型早樱树强调视线通廊，并打造更多林下的可活动空间。原有铺装改造之后，用水洗石替换了老化的塑胶地坪，更为耐用，色彩雅洁。原有曲面坐墙用艺术马赛克替换了老化的塑胶面层，并将周边种植区清理为铺装面，过往的行人开始闲坐在这些坐墙上，成为人们的休息和会合点。雕塑、标识、灯箱等元素，均进行细致调整。使大学路广场又焕发了活力。鼓励人们在城市空间中自我表

现、嬉戏和锻炼有助于创造健康和有活力的城市，因此是一个非常重要的主题。

伟德路的运营定位是一个服务年轻人群的时尚特色商业街。我们研究后认为，关注人性化维度，强调人行这是第一重要的。

我们和交通顾问及业主多次反复分析研究这一街区的交通改造策略之后，确定了两点原则：

（1）保证最大程度的人行舒适度和安全性。

（2）兼顾停车需求的同时，实现交通安静化。

景观改造进行了一系列工作：扩大人行道空间并调整铺装；行道树改为早樱并不规则布置；树下布置休闲座椅及花钵；停车位以港湾式分布；为店铺预留一定的户外使用区域；预留可移动商业花车等小品设施的位置。这些举措，使伟德路由升级成为安静雅致的一个街区，我们正在期待春天樱花盛开时，这个街区的浪漫气质将更引人注目。

四、社区运营——改造的持续激活

创智农园方案完成之时，业主方就开始了农场运营方的选择，最终确定了四叶草堂和方寸地农艺市集为运营方。社区农场的名字也正式定名为创智农园。施工图设计完成之后，进行农园建设，一切非常顺利。尽管在酷热的夏季，对于农业种植的区域，蔬果要呈现丰富茂盛的效果是有难度的，运营方也积极地进行了实施。比如我们一起研究，种植了耐热的观赏型香草，这些植物迅速地生长，有的开出了芬芳的花，引来了对于农园非常重要的授粉昆虫。

施工进程在2016年7月初完成，交付给运营方。富有热情和经验的运营方，以一系列小型沙龙活动和农艺市集活动，开始了农园的运行。运行过程中，更多有趣的小景观一步步地生长出来。

随着各类社区活动的推进，创智农园越来越生机勃勃。孩子们在这里玩耍，家长们在这里耕种，年轻人来听沙龙或是拍照，农人们在这里摆市集和交流。

伟德路和大学路广场，瑞安业主对于业态进行了升级布局，很多新的有趣的小店进驻伟德路。大学路广场多年以来的市集活动，也因景观改造的提升，进行了升级。更多富于创意的市集活动和艺术展演活动，更加多样和频繁地在这个重新激活的广场发生。

我们规划之初，和瑞安业主一起设想的情景和画面，一个互动的、充满生机、令人激动的社区，真实地诞生和成长了起来。而且我们相信，未来的城市，将需要更多这样的社区农场，让孩子更加接近自

然，让城市居民的生活更加美好，让我们的城市更加可持续成长。

五、总结及展望

本项目从创智天地社区改造规划提升，到一公里长的生态绿轴的城市线性空间规划研究，到街区小广场、特色商业街和社区农场项目的分步实施，我们总结了以下几点设计经验：

（1）关注城市规划的人性化维度，强调人们在城市空间的各种体验需求，为活动创造丰富多样的城市空间。

（2）城市景观设计，应在城市的总体空间网络研究中进行项目定位，由城市尺度到社区尺度多维度研究，由宏观到微观跨越性的做设计研究。

（3）"由需求到设计"。设计是为使用者服务的，设计的推进，必然遵循客户为导向的原则。

（4）整合多方资源，形成整体解决方案。设计师应当在项目推进中，扮演资源整合者的角色，以社会效益及商业效益最大化为原则。

杨浦区创智天地社区城市微改造的实践证明，只有将环境和人结合起来的设计才是真正可持续的！

参考文献

[1]百度百科，城市更新条目，http://baike.baidu.com/link?url=C39fcK1g-P16QoZIJ2ezYkcGD0ZpHdpTrRVb5mh-T1FTf6YBk4YA0vHERzWf1mm9YUzUR6lVNQdh32sveJ-bHgS89Jao8gg8zKEHqq9Y5xqKP7bTEwrwzTU6Mlk5low9

[2]扬.盖尔，人性化的城市[M].欧阳文、徐哲文，译.北京：中国建筑工业出版社，2010

作者简介

奚海冰，上海芷澜环境规划设计有限公司执行董事、总建筑师。高级建筑师、国家一级注册建筑师、国家注册城市规划师，同济大学硕士；

曾荆玉，上海芷澜环境规划设计有限公司董事、设计总监，资深景观设计师，高级古建营造师、国家一级注册建筑师，同济大学硕士。

14.伟德路改造后实景图
15.建设完成的创智农园照片

基于老年弱势群体诉求的城市微更新探索
——以上海市杨浦区鞍山三村中心花园微更新为例

Urban Micro-Regeneration based on the Needs of the Elderly Vulnerable Group
—A Case Study of Micro-Regeneration of Central Garden in Anshan Third Village, Yangpu District, Shanghai

韩胜发
Han Shengfa

[摘　要]　上海市已从增量建设为主的城市发展阶段进入存量更新为主的城市重塑阶段。本文以上海市杨浦区鞍山三村中心花园微更新为例，以住区内部老年弱势群体的需求为导向，探讨社区微更新对于提升社区环境品质和增强社会包容性的重要性，并提出了应对弱势群体需求的规划对策。建立了贯穿规划全过程的公众参与机制和多方协作机制，推动城市存量街区在新时代语境下的可持续发展，改善城市中弱势群体的生活品质，促进社会融合。

[关键词]　存量优化；弱势群体；公众参与；城市更新

[Abstract]　Shanghai has entered the new phase of urban reshaping with stocks renewal from the urban development stage of incremental construction. Taking the example of the micro-regeneration of central garden of Anshan third village, Yangpu District, Shanghai, this paper takes the needs of elderly vulnerable groups in the residential area as a guideline to discuss the significance of community micro-updating in enhancing community environmental quality and social inclusiveness, besides raising planning strategies responding to their demands. It establishes a public participation mechanism and a multi-party cooperating mechanism throughout the entire planning process, promoting the sustainable development of urban stocked blocks in the context of a new era, improving the life quality of disadvantaged groups and social inclusion.

[Keywords]　stocks optimization; vulnerable groups; public participation; urban regeneration

[文章编号]　2018-79-A-026

一、社区微更新动因和经验

1. 社区微更新的动因

社区微更新无论是作为城市更新的一种类型，还是作为改善人居环境的政府行为或社区自发行为都有着深厚社会经济背景和时代色彩。微更新出现在中国从增量建设为主向增量建设和存量优化并存的特殊城镇化历史阶段，是社会经济和城镇化发展到特定阶段的必然选择，是共同关注缩小城市不同环境品质差异的社会公平的体现，是居民对更好的城市物质空间环境和服务设施品质诉求的体现，同时也是社会人关怀提升的表现。

社会经济发展和政策推动因素：上海日益重视转变政府职能，激发社会活力，倡导政府治理和社会自我调节、居民自治之间的良性互动。城市更新作为城市新陈代谢的成长过程，将从传统"大拆大建"的粗放型建设方式，转变到关注零星地块、闲置地块、小微空间的品质提升和功能塑造，改善社区空间环境。上海已经启动并实施"行走上海2016——社区空间微更新计划"，正是由于在政府的政策鼓励和支持下，城市微更新实践才越来越广泛得已推广。

物质环境衰败和居民诉求推动因素：上海在经历了近半个世纪的快城市基础建设后，城市的主要空间结构和社区类型已经形成，城市风貌和空间形象也趋于稳定。始建于20世纪50年代的工人新村，是当

时社会经济发展的历史见证，也是城市人居环境建设的体现。由于社会经济的发展和时间推移，该类型的小区的居住环境品质已逐渐降低，"现已形成了人口密度度高，设施老旧，公共空间杂乱的居住形态"（匡晓明，陆勇峰，2016），居民十分关注空间环境的更新和设施品质的提升。

社区文脉与原真性保护因素："在城市历史遗产保护领域，'原真性'是国际上定义、评估和监控世界文化遗产的一项基本要素。事实上，此概念并不仅限于讨论历史建筑，我们正在生活的城市空间本身就具有复杂原真性的语境。"（卢永毅，2006）而社区文脉的延续和演化正是体现了城市对原真性的诉求。居民作为社区里在地生活的主体，"迫切想从对历史的怀旧和对都市意象的追求中寻求平衡和发展"（李彦伯，2016），在最大限度地保留原有社会生活的基础上进行生活品质的提升。社区微更新，正是给予了居民这样的机会。意大利建筑大师卡洛斯卡帕曾说，"历史总是跟随并且在不断为了迈向未来而与现在争斗的现实中被创造；历史不是怀旧的记忆"。以存续理念为推动力的社区微更新，本身作为一个过程，而不是结果，参与进了对历史的创造。

2. 社区微更新的经验

上海作为我国存量更新实践的排头兵，近几年积极开展了微更新的相关实践。2016年5月，启动"行

走上海2016——社区空间微更新计划"，对11个微更新试点项目进行改造，利用多方社会资源，搭建专业人员参与城市建设的工作平台，引入志愿者规划师、建筑师、景观师、艺术家和高校等社会资源，探索建立社区规划师制度。通过更新试点征集、设计方案评选、实施建设反馈等多个重要环节全过程的公众参与，充分调动社区居民和社区基层工作者的积极性。

杨浦区是上海微更新计划的主要试点。在该区的微更新实践主要分为两大类别：街道公共空间改造和小区内部公共空间改造。从具体的实践过程中我们得出一般性改造的设计导向：生态绿化、交通顺畅和社区文化品质提升。最终所实现的目标也是多样化的：从社区的文化展示、文化地标，到服务于社区居民的日常运动、健身，再到集会场所，甚至提供多样化的园艺体验等。社区微更新将社会各方整合到同一平台，进行交流互动，加强居民之间的交往，增强了社会互动和社区活力，同时也是构建和获取社会资本的一种方式。

二、老年弱势群体行为特征和使用空间分析

1. 公共空间体系分析

鞍山三村小区位于上海市杨浦区，临近松鹤公园、苏家屯路、同济大学、四平科技公园。四类公共空间活动场地和小区内社区公园组成了一个类型各异、层级划分明确的开放空间体系，各自不同的空间

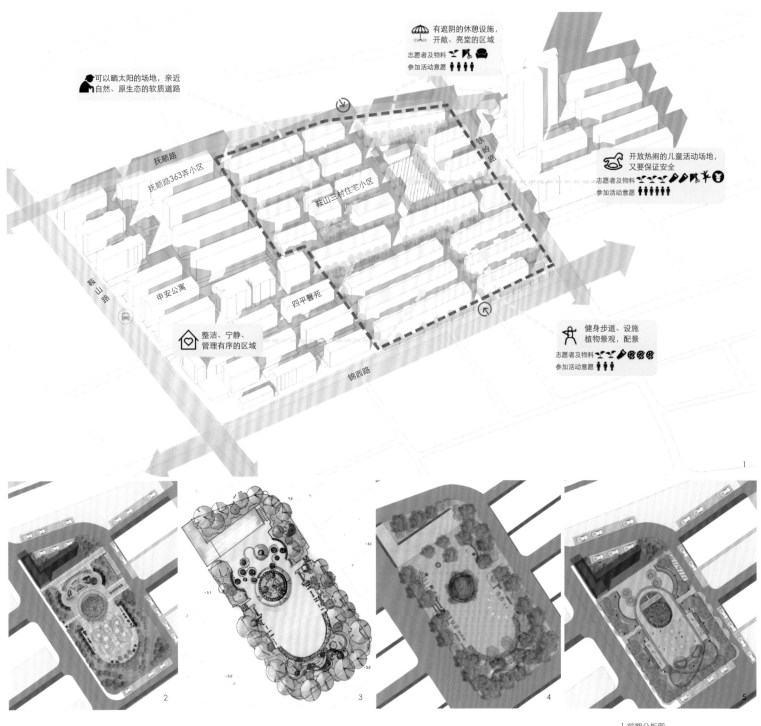

可以晒太阳的场地，亲近自然、原生态的软质道路

有遮阴的休憩设施，开敞、亮堂的区域
志愿者及物料
参加活动意愿

开放热闹的儿童活动场地，又要保证安全
志愿者及物料
参加活动意愿

抚顺路
抚顺路363弄小区
鞍山三村住宅小区
铁岭路

鞍山路
申安公寓
四平馨苑

整洁、宁静、管理有序的区域

健身步道、设施植物景观，配景
志愿者及物料
参加活动意愿

锦西路

1.前期分析图
2-5.鞍山三村中心花园过往设计总平面图

特征和距离承担了相应的居民活动诉求。对于此次改造，提供更加精细化、包容性的设计是关键，针对特定的人群提供交流和活动的场所，最大化地发挥社区内硬质广场的功能（详见表1）。

2. 社区人群特征分析

鞍山三村社区始建于20世纪50年代，在经历20世纪70年代和20世纪末两次重新修建，形成现状小区的居住空间形态。该小区的居住人口约2 935人，约1 300户。60岁以上人口占总人口比例为34.65%，

表1		鞍山三村周围公园类型及主要使用人群一览
公园名称	公园类型	主要设施及活动人群
松鹤公园	休闲娱乐	公园内只有健身设施，绿地空间较大；活动人群以周边小区老年居民为主；主要活动为晨练、太极拳、下象棋、打麻将等
苏家屯路	健康步道	道路两侧有休闲座椅和凉亭；白天活动人群以老年人为主，主要活动为散步、下象棋、聊天；晚上活动人群以中青年人为主，多为周边小区居民、周围店铺经营者等，以跑步、快走、遛狗、聊天为主
同济大学	体育运动、休闲娱乐	学校内的各类球场和草坪是周边居民的主要活动场所；活动人群以学生、周边居民、来访学者等，周边居民主要活动为晨跑、散步、夜跑、打篮球、打羽毛球及亲子活动
四平科技公园	生态休闲	公园内以休闲设施、座椅、草坪为主；活动人群为周边居民和设计院工作人员，由于距鞍山三村较远，鞍山三村居民来此活动频率较低
鞍山三村社区公园	居民休闲	公园内设施主要为座椅、场地、简单建设器材；活动人群以小区内居民为主，同时有部分外小区居民；主要活动为聊天、晒太阳、亲子、太极拳等；使用频率高，且多为老年人

50岁以上超过55%，15岁以下9.85%，社区老龄化特征明显。社区公共空间和活动设施的主要使用对象也以老年人和儿童为主，这是一个典型的老龄化社区，目前小区的公共空间和公共设施同小区老龄化特征不匹配，不能满足小区人群的需求。

3. 社区公园问题分析

（1）交通组织混乱：该社区公园周边由于临近小区北入口和老年大学，整体交通组织较为混乱，机动车占用小区主干路，与人流交织，产生冲突。原因除了空间组织不当外，主要是缺乏有效的管理。在较小成本的基础上，需要加强管理，对车流量进行限制，以及保证步行系统的连贯和畅通。

（2）植被缺乏设计和管理：小区的植被覆盖以高大乔木、低矮灌木混种为主，且不是落叶乔木，造成冬天阳光少，夏天不通风，居民活动舒适度低。由于管理不善，景观品质不高，树种的季相搭配和空间层次设计有待加强。公园中央大树下的空间是居民喜欢的活动场所。

（3）公共设施匮乏：公园内老年大学是面向老年人的主要活动设施，但是老年大学现状步行流线对广场空间产生了一定干扰。场地内缺乏健身锻炼设施，且现有器材较为破旧，急需改善和提升。

（4）空间环境品质低：公园主入口和次入口形象不佳，围墙也不够美观。现状的垃圾转运站影响公园形象。由于空间没有合理分区，造成沿主要步行流线外围的活动场地使用率不高，空间割裂，存在消极空间。

4. 弱势群体行为活动特征分析

弱势群体是相对于强势群体或权利群体（privileged class）而言的，该群体缺乏社会竞争力，在社会中处于最低层。"作为社会群体中的老年人，由于自身存在着生理衰老或病理衰老，器官功能衰退，劳动能力减弱或丧失，生活自理能力下降，参与社会活动意识淡化，特别需要社会的援助和支持。从这一角度理解，老年人群体属于社会弱势群体是被大多数学者所认同的。"（陈亚鹏，2009）

结合上海市老龄化发展特点，将鞍山三村社区花园的老年使用人群划分为残疾老人、患病老人、体弱及高龄老人、空巢老人、异地养老、携孙老人和健康状况良好老人七种主要类型。并采用目测、询问周边居民、询问样本

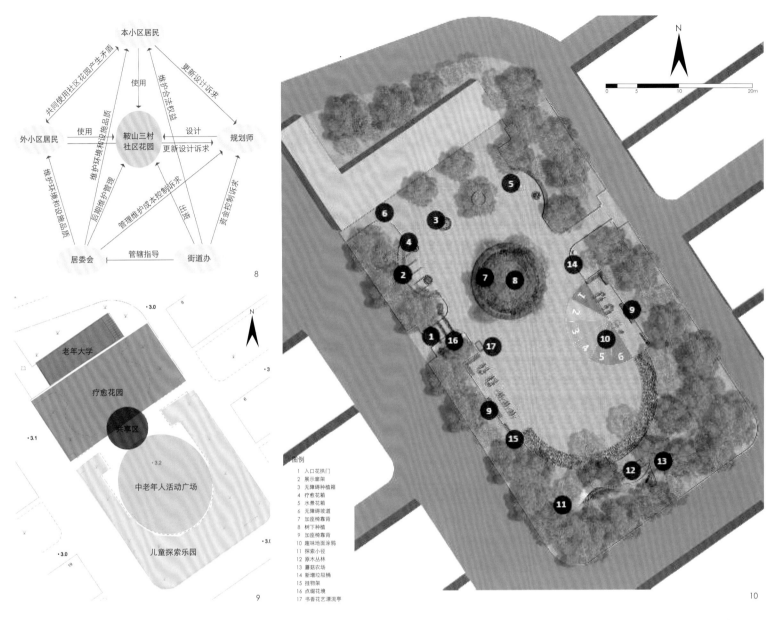

图例
1 入口花拱门
2 展示廊架
3 无障碍种植箱
4 疗愈花箱
5 水景花箱
6 无障碍坡道
7 加座椅靠背
8 树下种植
9 加座椅靠背
10 趣味地面涂鸦
11 探索小径
12 原木丛林
13 蘑菇农场
14 新增垃圾桶
15 挂物架
16 点缀花埂
17 书香花艺漂流亭

6.鞍山三村社区花园公共设施使用情况　　9.鞍山三村社区公园功能分区图
7.社区活动人群实录　　　　　　　　　　10.鞍山三村社区公园总平面图
8.社区微更新过程各个利益团体诉求及关系图

年龄、生活状况、健康状况等方式，进行相关访谈、调查和研究，得出七种主要类型老人的一般性行为特征（详见表2）。

老年人在社区公园内的行为按照行为目的分为健身活动和社会交往活动两类，健身活动包括散步、健身、纳凉、晒太阳、打太极拳等，使用对象也多为健身设施、活动场地、座椅、花架、亭廊一类，一般分片区聚集。社会交往活动包括聊天、下棋、亲子交流等。

七类老年人的活动特征和对空间及设施的使用均不相同。残疾老人、患病老人、体弱及高龄老人因为身体因素的限制，主要以晒太阳和闲坐聊天等为主，在冬季对太阳的需求较为强烈，因此，干净、卫生、安全的晒太阳场所、背向阳光的长条座椅空间等是该群体较为关注的更新设计重点。空巢老人和异地养老老人更加倾向于聊天社交、简单器械运动、读书看报和晨间锻炼，因此相应的健身设施以及较大的活动场地，是该人群主要的空间诉求。携孙老人会分配较多时间看护孩子，以及和儿童互动玩耍，因此同时需要考虑儿童对公共空间的使用。儿童除了上下学对公共空间的使用之外，主要集聚在沙坑、秋千、戏水池等游乐设施地带，学龄前儿童的使用时间较为宽泛，学龄儿童以周末活动为主。其活动特点是容易受伤、好奇心强、爱攀爬、爱互动游戏、热爱挖土、对植物好奇。可同时考虑设计儿童运动设施、运动场地、游戏区、塑胶地面学步区等。健康状况较为良好的老人，活动内容相对比较丰富。针对打牌下棋、闲坐聊天、器械运动、遛狗、慢跑等多方面的需求，需要综合考虑硬质和软质场地的设计。同时结合健康理念，可在设计中植入疗愈性元素，更加符合老年人的疗养需求。

除此之外，夜间照明需求、雨棚、老年大学内公厕无坐便、中央大树修剪、垃圾桶、卫生打扫等长期维护需求是适用于各个年龄段的设计要点。

5. 多方参与主体及各自诉求

建立多元参与机制是社区共建的基础，从前期调研、方案生成，到方案评选、工程实施等各个阶段都应当让居民参与进来，充分倾听居民的声音。"公众"不仅限于居民，实际上是规划师、街道办、居委会、外小区居民、本小区居民等多方利益

	6：00	7：00	8：00	9：00	10：00	11：00	12：00	13：00	14：00
残疾老人					晒太阳	闲坐聊天	晒太阳	闲坐	晒太阳
患病老人			绕圈走步			闲坐聊天		绕圈走步	晒太阳
体弱及高龄老人					晒太阳	晒太阳	晒太阳		晒太阳
空巢老人		太极拳	读书看报	绕圈走步		闲坐聊天		简单购物	
携孙老人				看护孩子	简单器械运动				闲坐聊天
异地养老老人		太极拳	撞树运动		闲坐聊天	简单器械运动			
健康状况良好老人	太极拳	慢跑	舞蹈	撞树运动	读书看报	简单购物	晒太阳	读书看报	闲坐聊天
	15：00	16：00	17：00	18：00	19：00	20：00	21：00	22：00	23：00
残疾老人	闲坐聊天	打牌下棋	闲坐						
患病老人	晒太阳	闲坐聊天		饭后散步	饭后散步	闲坐聊天			
体弱及高龄老人	晒太阳	闲坐聊天							
空巢老人	闲坐聊天		绕圈走步		遛狗				
携孙老人		看护孩子	简单器械运动	看护孩子	简单购物				
异地养老老人	撞树运动	闲坐聊天		简单器械运动	遛狗			打电话	
健康状况良好老人	打牌下棋	闲坐聊天	简单器械运动		遛狗	慢跑	绕圈走步		

表2 　　　　　　　　　　鞍山三村社区公园18小时人群活动

团体的总称。

本小区居民作为社区公园的主要使用人群，需要充分的老年人和儿童活动设施与场地，同时满足交流需要的高品质绿化和场地空间，主要矛盾是为公共设施和空间有限供给和居民较高诉求的矛盾。外小区居民对小区的公共空间和相关设施有使用需求，但是会对本小区居民生活和活动带来干扰，需要通过活动策划和管理控制来调节同本小区居民的关系。居委会作为社区公园的直接管理者，主要面临设施和场地后期管理维护的工作要求；街道办作为社区公园项目出资方，主要为居民对项目品质的高要求与成本控制上的矛盾；规划师作为规划技术方案和协调机制的提供方，在保证公共空间和环境设施品质的基础上，搭建各方之间的沟通平台，使各方利益群体达到较高的满意度，深化公众参与，推进社区居民的自我治理。

三、基于老年弱势群体的公共空间改造策略

针对社区七类老年弱势群体的基本活动需求，方案从以下几个方面进行了相关的物质环境改造和提升性策略，提高弱势群体及居民的文化生活品质，增强社区凝聚力。

1. 安全性设计策略

老年人由于身体机能的退化，日常活动和移动都较为不便，日常活动的危险性也较青壮年人更高。因此针对该年龄段弱势群体，尽量减小机动交通对活动的不利影响。通过分时段限制车流和加强管理等措施，进行交通流量的限制；并通过提倡非机动车出行，将原本占用活动空间的停车位转移，激活社区公园的空间活力。除此之外，增加防风挡雨的遮蔽设施；坐凳局部加靠背提升座椅舒适度；利用座椅结合宣传栏廊架进行改造，并提供遮雨功能；修缮社区花园内原有照明设施，等等。

2. 健身休憩性设计策略

规划依据老年弱势群体对于运动的空间诉求，设置了共享区和阳光活动场所。中间大雪松树池作为共享区，适合各类人群使用，座椅局部增加靠背，树下空间满铺种植观赏植物。

针对残疾老人、患病老人、体弱及高龄老人对晒太阳和闲坐聊天的需求，在社区公园的东北部设置阳光活动广场。该区域阳光较为充沛，且硬质地面有利于日常的简单活动。通过硬件设施保留提供休憩场所，并在周围增加香草类及彩色灌木类植物，丰富嗅觉及视觉体验。

3. 疗愈性设计策略

生态环境和绿化景观是影响各个类型老年人身心健康和活动品质的重要因素。

策略之一是进行植被改造。现状绿篱收边太过生硬且遮挡视线，建议适当取消，补种一些视觉上更柔软的香草类植物，同时注重植物的色彩、季相、生长习性的搭配，通过设计植物物种及层次的多样性，丰富花园景观。

策略之二是生态措施。通过逐年引入不同的物种来完善生态系统，建立食物森林自平衡生态体系，可保证土壤湿度，减少水分蒸发，可持续保持景观生态性。同时维持一定的生产力，大大减少管理维护成

本，减小居委会后期维护的压力。

策略之三是在老年大学门前区域打造疗愈花园：结合健康理念和老年人的疗养需求，对老年大学门前进行景观设计，并利用弧形坐凳打造居民活动风采展示走廊。通过对五感体验的设计，形成兼有疗愈功能和景观改造的双重功能的疗愈景观。

4. 亲子性设计策略

根据携孙老人的日常活动特征以及儿童的活动行为偏好，在社区花园的南部设置亲子儿童探索乐园，在满足现状树林乔木状况良好的条件下增加碎石小路、原木丛林、雨水花园等环境设计及设施，保证足够的林下活动空间，为儿童探索、亲子活动提供安全、舒适的环境。

5. 交往性设计策略

从社会角色的转化到身体的逐渐失能，老人的孤独感也随之逐渐增强。社会交往是老年弱势群体，尤其是异地养老老人、体弱及行动受限老人和空巢老人最迫切的需求。通过设计构建社区内小型功能性装置，促进老龄群体之间的交往和交流，同时进行社区文化品质的提升。例如：书香花艺漂流亭：鼓励人们阅读，并在以书会友的交流过程中拉近人与人的距离；社区植物漂流站：通过构建小型的社区植物漂流站，汇集居民自家的植物盆栽，可以认养、捐赠、寄养，促进老年人的共情和交流，使社区花园随时保持生机和活力。

开展丰富的文化活动也是社区微更新里重要的环节，不仅作为一个良好的平台促进老龄人士的交往，也将该群体与社会更紧密地联结起来。例如露天电影、种植实践、户外集市、社区参与、儿童活动、自然课堂、植物漂流、花友会活动等，老年弱势群体也在这些具体的活动中感受到关注与关爱，进而提升他们的幸福感和对社区的归属感。

除此之外，社会交往活动也是促进各个利益团体互相了解其诉求、进一步推动环境的升级和改造、增强社区凝聚力的催化剂。通过组织儿童将自己的心目中的社区花园画出来，同时与他们的父母座谈，了解更多的诉求；除了社区内部园艺活动，还定期将活动对外开放，开展面向全市的园艺体验活动，成为有影响力的社区园艺体验中心；利用多种媒体平台，例如微信公众号等，向公众及时推送活动信息，进一步促进了微更新计划的参与度和推广度。

五、规划思考

从鞍山三村基于老年弱势群体诉求的社区微更新改造中我们可以发现，老年人因年龄阶段、家庭结构等客观条件的不同，其日常生活行为体现了不同的诉求，且高度附着在居住社区空间。针对细分的老年弱势群体类型，进行多方参与、自下而上的规划设计实践是针对老旧社区有效的"针灸"手段，其设计本身也回应了各个类型老年人的活动和心理需求，是各方的利益协调和相互妥协的过程，并进一步促进社区融合。通过这种更加深入的、精细化的操作，城市中潜在的活力点被激活，建造活动与社会生产和日常活动紧密地联系在一起。

传统的规划和建筑设计，从概念到设计，从设计到施工，"整个环节中使用者的缺位使得建造本身成为一个有门槛、闭环式的专业黑箱"（李彦伯，2016）。而真正的使用者——居民，对自己所处的生活空间也失去了话语权。社区营造的"微更新"实践正是打破这种行业壁垒，使得从规划到施工整个建造过程向外部打开，促生出更多的可能性。同时在这种具体的经营过程中，社会各方的参与实践对城市发展起到触媒作用，引发"链条反应"，促成城市建设理念的转变，推动公众参与和城市生活的结合，且对于修补城市空间与城市文脉具有重要意义。

参考文献

[1]Sharon Zukin. Naked City: The Death and Life of Authentic Urban Places [M] Oxford University Press, 2010.

[2]刘悦来. 社区园艺——城市空间微更新的有效途径[J]. 公共艺术. 2016(04).

[3]蔡永洁. 以日常需求为导向的城市微更新一次毕业设计中的上海老城区探索[J]. 时代建筑. 2016(04).

[4]卢永毅. 历史保护与原真性的困惑[J]. 同济大学学报(社会科学版). 2006(05).

[5]李彦伯. 城市"微更新"刍议兼及公共政策、建筑学反思与城市原真性[J]. 时代建筑. 2016(04).

[6]马宏. 应孔晋. 社区空间微更新上海城市有机更新背景下社区营造路径的探索[J]. 时代建筑. 2016(04).

[7]匡晓明. 陆勇峰. 存量背景下上海社区更新规划实践与探索[A]. 规划60年：成就与挑战——2016中国城市规划年会论文集（17住房建设规划）[C]. 2016.

[8]陈亚鹏. 上海市老年弱势群体的社区照顾体系研究.[D]. 上海：上海交通大学. 2009.

[9]上海启动"行走上海2016——社区空间微更新计划"[EB/OL]. http://www.shanghai.gov.cn/nw2/nw2314/nw2315/nw4411/u21aw1128103.html. 2016.05.08.

作者简介

韩胜发，上海同济城市规划设计研究院五所，主任规划师。

11.共享区效果图
12.疗愈花园效果图
13.亲子儿童探索乐园效果图

社区视角下的城市微更新创新与实践
——以上海普陀区万里街道社区规划更新为例

Urban MicroTransformation Innovation and Practice from the Perspective of Community
—Taking the transformation of Wanli Street Community, Putuo District, Shanghai as an Example

郭玖玖
Guo Jiujiu

[摘　要] 随着城市化的飞速发展，社区作为一种重要的社会组织，其重要性日益凸显，完善和创新社区生活体系已得到日益重视。在快速城市化和全球化的当下，上海这座特大城市的社区人口特征正呈现出多种特性，对于社区规划也不断提出新的要求。2015 年，根据习近平总书记对加强和创新社会治理的要求，上海市委开展一号课题研究，积极推进社区服务与社区规划研究。普陀区率先开展创新的社区治理模式研究，以新成立的万里街道为试点，践行社区人文与活力的发展规划，期望建立长效机制为全区建设宜居城区奠定基础，从而形成一套完善的社区规划编制办法、社区物质空间建设机制、社区服务与治理的管理机制，以体现上海大都市的价值与内涵。

[关键词] 城市社区；规划改造；人文与活力

[Abstract] With the rapid development of urbanization, the community as an important social organization, its importance has become increasingly prominent, and the improvement and innovation of community life system has been paid more and more attention. At the moment of rapid urbanization and globalization, the characteristics of the community population in Shanghai's mega cities are showing a variety of characteristics, and new requirements have been put forward for community planning.In 2015,according to the general secretary Xi Jinping's request for strengthening and innovating social governance, Shanghai municipal Party committee carried out "No.1 Project" research, and actively promoted community service and community planning research. Putuo District to carry out research in community governance modelinnovation , tothenewly established Wanli streets for the pilot, development planning and practice of Humanistic Vitality of the community, hope to establish a long-term mechanism to lay the foundation for the construction of livable city, thus forming a perfect community planning method, community physical space construction, community service and governance mechanism the management mechanism, in order to reflect the value and connotation of Shanghai metropolis.

[Keywords] urban community; planning; concept; Humanities and vitality

[文章编号] 2018-79-A-032

1.结构分析图　　　　5.慢行尺度分析图
2. "G+万里" 概念图　　6.慢生活结构分析图
3.社区生活圈概念图　　7.景观规划分析图
4.漫步云享概念图

根据上海社区发展现状公服水平难应对社区提升型诉求，人口结构复杂多样化，带来社区诉求的多元与细化；土地供给缺乏集约共享引导服务资源及用地紧缺，共享程度低，规划实施难度较大；上海社区管控体系历经由居住区为控制单元，开始转向与社区行政单位的逐步衔接；由均质化快速推进，开始转向关注自上而下的全市统筹；由保基本的服务内容，开始转向提升型的需求。但面向全球城市与2040，重点还应思索由普适性控制，开始考虑差异化、针对性控制，体现以人文本的空间供给方式；由自上而下的底线强控，开始考虑对于市场的引导以及弹性应对；亟须培育社区公众参与环境，有效引入公众参与，实现自下而上的规划路径。社区规划更需公众力量的介入，以保证真正贴合实际需求并维持良性发展。

一、背景概况

随着城市化的飞速发展，社区作为一种重要的社会组织，其重要性日益凸显，完善和创新社区生

活体系已得到日益重视。在快速城市化和全球化的当下，上海这座特大城市的社区人口特征正呈现出多种特性，对于社区规划也不断提出新的要求。2015年，根据习近平总书记对加强和创新社会治理的要求，上海市委开展一号课题研究积极推进社区服务与社区规划研究。

普陀区率先开展创新的社区治理模式研究，以新成立的万里街道为试点，践行社区发展规划，期望建立长效机制为全区建设宜居城区奠定基础，从而形成一套完善的社区规划编制办法、社区物质空间建设机制、社区服务与治理的管理机制，在全区乃至全市范围广泛推广。

二、上海市社区发展规划主要特征

1. 社会转型中的人文关怀营造

知识创新化、治理人本化和低碳生态化的发展趋势使得人对宜居环境的要求更高，而老龄少子化的特征将对社会发展产生深刻的制约。因而未来社会核

心价值转向人文关怀，多元包容、宜居环境成为上海全球城市竞争力的重要体现。

社区需丰富服务内涵，塑造有归属感的交往空间，并加强社区生态体系的建设。

2. 活力驱动下的社区模式转变

城市的竞争力也呼唤地区整体活力的激发，因而在这一背景下需要创新社区生活方式，关注复合社区的塑造，实现更为健康宜人的生活圈构建，同时关注社区创业环境的塑造，提升城市创新力。

3. 资源约束下的空间紧凑发展

资源环境是制约上海发展的重要约束力，社区的公共设施与场地面临巨大压力，因而未来更需加强社区用地的紧凑发展，土地利用方式由外延粗放式扩张向效益提升转变，促进空间利用模式转向相对集中、空间紧凑、适度混合。社区空间供给模式应导向分级配置、与人的活动相匹配，引导集约复合的布局，以及促进空间的多元共享利用。

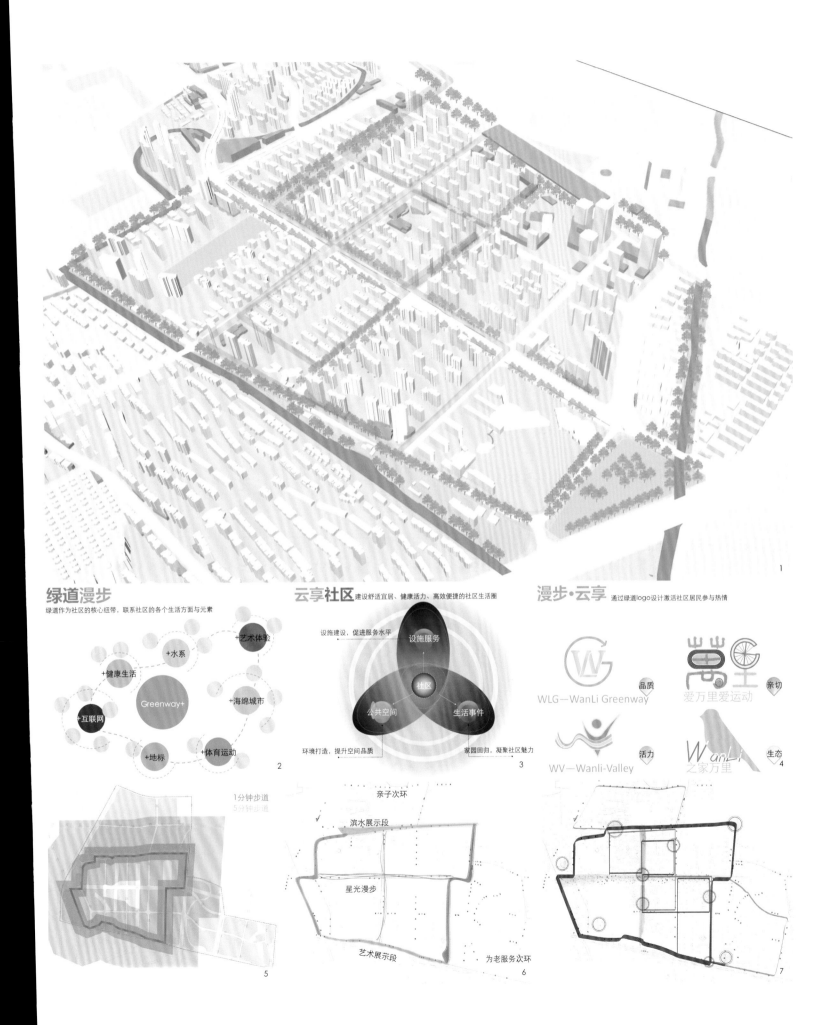

绿道漫步

绿道作为社区的核心纽带，联系社区的各个生活方面与元素

+艺术体验
+水系
+健康生活
Greenway+
+海绵城市
+互联网
+地标
+体育运动

2

云享社区 建设舒适宜居、健康活力、高效便捷的社区生活圈

设施建设，促进服务水平 ── 设施服务

社区

公共空间   生活事件

环境打造，提升空间品质   家园回归，凝聚社区魅力

3

漫步·云享 通过绿道logo设计激活社区居民参与热情

WLG—WanLi Greenway   品质

爱万里爱运动   亲切

WV—Wanli-Valley   活力

WanLi 之家万里   生态

4

1分钟步道
5分钟步道

亲子次环
滨水展示段
星光漫步
艺术展示段   为老服务次环

5

6

7

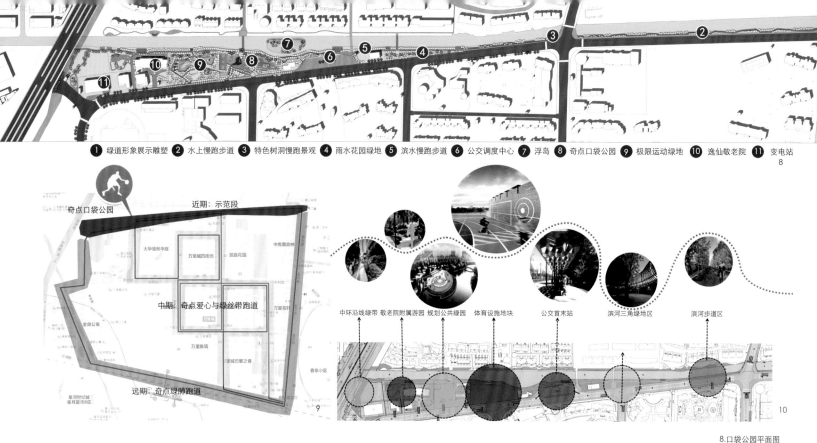

① 绿道形象展示雕塑 ② 水上慢跑步道 ③ 特色树洞慢跑景观 ④ 雨水花园绿地 ⑤ 滨水慢跑步道 ⑥ 公交调度中心 ⑦ 浮岛 ⑧ 奇点口袋公园 ⑨ 极限运动绿地 ⑩ 逸仙敬老院 ⑪ 变电站

中环沿线绿带 敬老院附属游园 规划公共绿园 体育设施地块 公交首末站 滨河三角绿地区 滨河步道区

8.口袋公园平面图
9.实施范围示意图
10.沿河绿带规划构思
11-13.示范段效果图

4.弹性适应下的动态机制搭建

社区发展面临多种不确定性，必须构建富有弹性的空间策略和管理机制。因而社区生活圈应实现从静态规划走向动态更新，落实设施和场地的动态功能转换与提升改造。同时需激发全程、有效的公众自治，提升规划的可实施性，构建动态评估调整机制，进而推进渐进式的社区有机更新。

三、万里街道社区发展中的问题

（1）作为新成立的街道，社区公共服务设施能力偏低，分布不尽合理，缺乏文化设施、体育设施，医疗设施服务水平较低。

（2）社区公共空间环境品质不均衡，缺乏活力，公共绿地缺乏管理、绿地中人性化设施缺乏足够考虑，如遮阴设施、休憩设施等。绿地中运动场地建设较少；街道空间以围墙为主，封闭性强，沿河空间尚未完全公共开放。

（3）沿街商业布局的路段，业态混杂，空间环境品质受到较大影响。

四、万里街道社区更新思路

社区更新规划相对于传统规划的最大区别是面向产权主体多元、空间资源有限、利益关系复杂，对现状调研工作、社区相关利益群体意愿的体现要求相对

较高。在万里社区更新的过程中，我们通过找抓手、挖潜力、赢共鸣这一富有创新性的思路为复杂的社区改造理清头绪。

1.找抓手——慢行网络引领社区改造

针对万里街道社区存在的问题，基于有限空间资源条件下，发现绿道慢行网络是活化社区的最佳切入点，通过慢行网络串联有限可利用和改造的节点，营造活力、舒适、低碳的社区空间环境。

通过增加绿地、广场等公共空间形成友好、健康的生活氛围，营造舒适宜人的社区环境。提供丰富的社区交往空间，激发全民参与康体健身，着力提供更多的休闲及活动场所和文娱设施，安全舒适的慢行系统来串联各类社区公共空间，并综合服务居民通勤、上学、游憩、健身等需求。

丰富社区文化休闲体系，复合利用社区人文历史资源，丰富社区文化休闲体系，设计步行游览体系，构建脉络清晰、主次分明的生活圈游览线路网，展示社区文化风貌特色。

2.挖潜力——高效集约、复合共享的空间策略

城市更新空间权属复杂，尽量利用可协调公共产权空间，规划过程中和空间权属主体的沟通和协调对最终实施方案的制定起着关键作用。因此倡导公服设施与场地的集约复合利用，鼓励集中复合设置方式，形成社区公共服务中心和邻里中心，结合公共交

通站点、公共开放空间节点等予以构建，功能综合、空间集聚。

创新管理手段引导设施共享使用，鼓励屋顶空间建设绿化和活动场地，向公众开放，提供垂直公共交通，建议单位附属设施与场地开放学校、单位的开放空间、文化体育设施鼓励对外开放；公共建筑的道路后退空间成为社区活动空间。公共服务设施分时使用延展服务类型，以网络平台为支撑，预约同一设施场地全天候分时使用；组织平时与周末不同活动，扩展服务不同类型的社区居民；分季节室内与室外交错利用。

3.赢共鸣——创新社区治理框架体系

社区更新涉及主体多元，以社区为治理细胞，建立"以政府为主导、社会多方共同参与"的创新社区治理结构，强化公众参与，整合一号课题的各项目标，体现基层社会治理多元价值取向，在社区层面着眼于转变职能、减少层次、强化服务、理顺关系。在具体编制过程中我们通过宣讲、座谈、微信互动等不同方式充分征求社区居民、政府、专家等各方面意见和建议。

五、万里共享社区的营造

针对万里街道社区配套不足、空间品质不高等问题，借鉴国外案例对社区公共空间实施人文规划理

念，以增强区域活力。如美国纽约佩雷公园为满足市民休憩的需求，场地采用硬质铺装，并设置了皂荚树树阵，树设可移动的座椅，公园尽端高6m的人工瀑布为景观的焦点。瑞士圣加仑"城市之庭"以打造城市"会客厅"为理念，利用红色的柔软颗粒橡胶彰显标志性，营造热情洋溢的氛围。街道家具，如座椅、围栏和桌子仿佛自由地从地面生长出来，沿街建筑的外立面仿佛变成了"会客厅"的壁纸，从而使该区域彻底挣脱了传统公共空间的束缚。

1. 公共空间

构建点、线、面相结合的公共空间体系，保证可达性和网络性，实现均衡布局；挖掘尺度宜人、亲切的小型公共空间，创造具有认同感的生活场所，使得居住区公共空间与人的生活习惯和使用需求相适应。提升公共空间品质，丰富空间的服务设施与休憩设施形成舒适宜人、具有生活气息的公共空间。

（1）规模过小或形状不规则，无法整体开发的零星地块；街道沿线因建筑退界形成的未被充分使用的消极空间、街角空间；建筑之间不规则的外部空间、建筑间距空间；推进"针灸式"综合整治与更新，在居住区及商业区主入口增设小型广场，老旧居住区提升公共环境品质；营造舒适丰富的交往空间，利用大型公共空间增设文化、体育活动场所。

（2）创新复合化建设："一站式"邻里中心，利用轨道交通站点周边开发地块设置"一站式"邻里中心，容纳文化活动、医疗康体、生活服务、商业零售等多样功能。"针灸式"微更新环境整治，提升品质生活化环境，丰富空间的服务与休憩设施，挖掘增设近人小型公共空间，营造完整的休闲活动

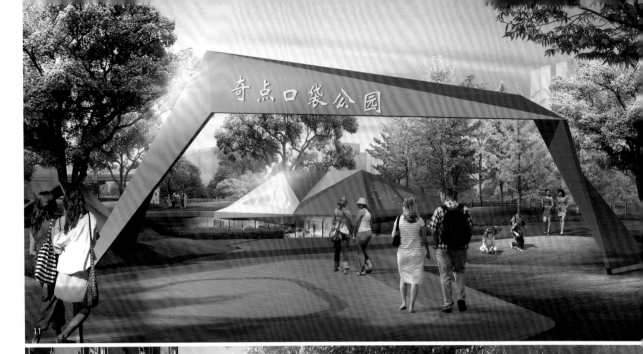

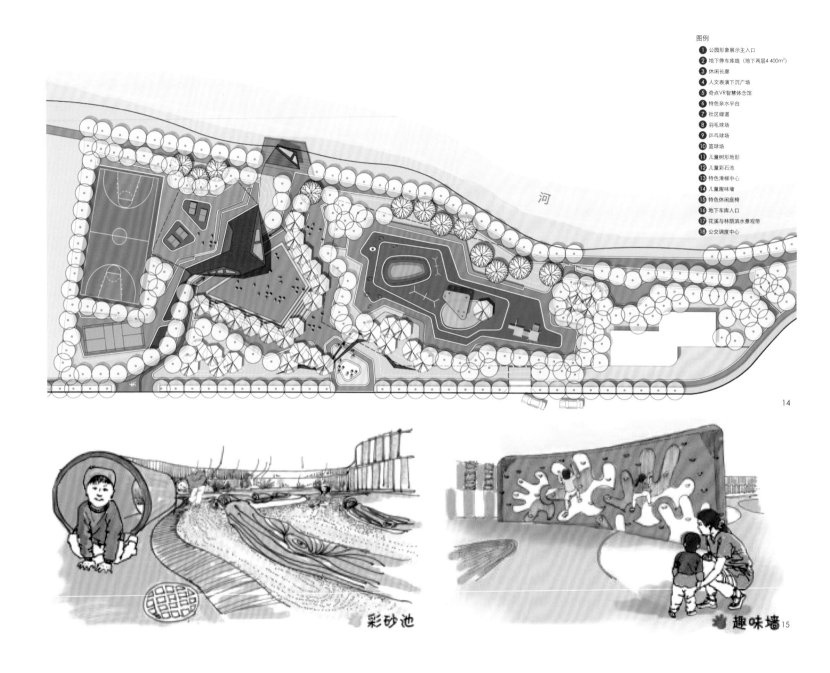

图例
① 公园形象展示主入口
② 地下停车库线（地下两层4 400m²）
③ 休闲长廊
④ 人文表演下沉广场
⑤ 奇点VR智慧体念馆
⑥ 特色亲水平台
⑦ 社区绿道
⑧ 羽毛球场
⑨ 乒乓球场
⑩ 篮球场
⑪ 儿童树形地形
⑫ 儿童彩石池
⑬ 特色滑梯中心
⑭ 儿童趣味墙
⑮ 特色休闲座椅
⑯ 地下车库入口
⑰ 花溪与林荫滨水景观带
⑱ 公交调度中心

彩砂池

趣味墙

与空间景观体系。

（3）在居住区及商业区主入口增设小型广场，同时结合居住区内部绿化完善设施场地，通过"针灸式"的综合整治增加公共空间；构建点、线、面相结合的公共空间体系，保证可达性和网络性，实现均衡布局；挖掘尺度宜人、亲切的小型公共空间，创造具有认同感的生活场所，使得居住区公共空间与人的生活习惯和使用需求相适应。

（4）丰富空间的服务设施与休憩设施。活力街巷激发地区生机，优化沿街商业业态，提高街道功能连续性。加强店招、照明、铺地、小品等整体设计，强化滨水景观道路的风格化、艺术化设计，利用小区内支路，形成与外部街道相连的通道，加强沿线休憩设施以及绿化环境的整体设计。

2. 绿化景观

（1）形成完整的休闲活动与景观体系。

规划绿地总面积为39.57hm²。保留已基本形成的"四纵一横"绿地景观体系，保留建成的行知公园。规划沿横港、大场浦、龙珍港及桃浦河结合防汛通道两侧各控制10m绿带。沿真北路中环线控制15m绿带。沿交通路控制10~20m绿带。

（2）多维绿化丰富界面。

推行"第五立面"绿化运动，在主要开发地块，围绕公共绿地、小广场周边，推行多维绿化。引导新建建筑的裙房屋顶空间建设绿化和活动场地，并设有公共垂直交通可达，对公众开放。引导公共空间周边的建筑，在立面上设置立体绿化，丰富景观。

3. 交通空间

倡导公交慢行，形成"安全连续、集约低碳、畅达便捷"的社区公共交通及慢行系统，提高居民出行的舒适便捷。发展社区公共交通，倡导社区公交+步行出行方式。通过社区公交小环线、公共自行车租赁点的全面覆盖，形成高质量的公共交通体系；推进立体化停车、分时路边停车等多种停车措施，缓解停

14.口袋公园平面图
15.彩砂池、趣味墙示意图
16.口袋公园鸟瞰图

车矛盾；在社区中形成网络化的绿道慢行系统。其中邻里一级绿道串联基础教育设施、邻里中心以及节点绿地与广场，来提升生活的安全性与便捷度，而社区一级绿道网串联公共交通站点与大型公共设施，成为地区公共空间体系的一部分。设计适宜步行的街道、跑步道、漫步道，优化社区慢行系统。

（1）利用轨道交通站点周边开发地块创新复合化建设"一站式"邻里中心，容纳文化活动、医疗康体、生活服务、商业零售等多样功能。

（2）TOD开发，"以公共交通为导向"的开发模式。规划结合西站北广场、各个公交节点，适当提高周边发展密度，综合设置公共服务设施。

（3）发展社区公共交通。公交和轨交站点的联系在万里街道社区居民设施满意度中得分最低（2.3/5）。策划社区巴士，串联轨交站点和主要商业、绿地、小区和活动中心等。推行中型绿色能源环保电瓶公交车，在西站北广场结合开发，设置2车位的中间休憩站一处。

（4）倡导转变为社区公交+步行的出行方式。通过社区公交小环线，来补充和接驳主线公交，形成高质量的公共交通体系。

（5）与出行特征相契合，有效串联各设施与空间，在社区中形成网络化的绿道慢行系统。其中邻里一级绿道串联基础教育设施、邻里中心以及节点绿地与广场，来提升生活的安全性与便捷度，而社区一级绿道网串联公共交通站点与大型公共设施，成为地区公共空间体系的一部分。

（6）慢行微网络，设计适宜步行的街道和人行尺度的街区，通过合理布局邻里设施来减少日常出行距离。

六、结语

综上所述，结合上海市社区社会转型中人文关怀的发展理念，在资源约束下空间紧凑发展的现实状况下，为适应社区模式在活力驱动下的逐渐转变和弹性适应下的动态机制搭建，万里街道构建宜人绿色的休闲网络、高效集约复合共享的空间策略，以"四维一体"的创新治理框架体系构建人文与活力空间，凸显了大都市的博爱、包容与人文理念。

参考文献

[1]王建强，曹宇昕，孙彦.城市老旧社区活力提升营造实践[J].北京
      规划建设，2017(2):52-57.

[2]严凤莲，刘伟民.城市社区自治如何更具活力[J].人民论坛，2016
      (33):66-67.

[3]王智玲，杨柏生.激发社区活力实现城市化精细管理[J].社区，2014
      (22):20-21.

作者简介

郭玖玖，国家注册规划师，高级工程师。

上生所地区城市更新机制思考

Reflections on the Urban Renewal Mechanism in the Shangsheng District

莫 霞 王慧莹
Mo Xia　Wang Huiying

[摘　要]　上海生物制品研究所（简称"上生所"）地区位于上海中心城区的核心区域、属于上海2017更新试点项目。论文分析项目背景及其多元驱动，考察该地区规划设计的实践建构与特征，探讨旧区更新关键的行动机制配合，提供城市更新机制思考与借鉴。

[关键词]　城市更新；机制上生所；上海

[Abstract]　The Shanghai Institute of Biological Products (abbreviated as "Shangsheng") area is located in the core area of downtown Shanghai and belongs to the Shanghai 2017 update pilot project. This paper analyzes the background of the project and its multiple drivers, examines the practical construction and characteristics of the planning and design in the region, discusses the cooperation of key mechanisms for the renewal of old districts, and provides thoughts and lessons for the urban renewal mechanism.

[Keywords]　Urban renewal; Institutional Health Institute; Shanghai

[文章编号]　2018-79-A-038

1.上生所地区的历史发展演进
2.街区的历史发展脉络
3.上生所地区极富特色历史建筑
4.技术路线：冲突激发的更新实践机制

一、上生所项目发展背景及其多元驱动

上海近年来的城市发展正面临重要转折点，传统增长方式下的空间、环境、设施配套等长期积累的矛盾和问题突出，城市旧区更新中的新与旧、公与私、本土与全球等多元冲突由此更为凸显了出来，借由新型产业的楔入、资源价值的发掘及资本与权力的作用等，不断激发和重塑上海现实的旧区更新发展。

"十二五"期间国家提出"转变发展方式，优化产业结构"的重要部署，国家和地方政府也先后出台了一系列实施及指导意见，如《关于加快发展服务业相关政策措施的实施意见》（国办发[2008]11号）；《关于推进本市生产性服务业功能区建设的指导意见》（沪经区[2008]600号）；《关于推进经济发展方式转变和产业结构调整的若干政策意见》（沪府办发[2008]38号）；2015年中央城市工作会议强调了严格依法执行规划、保护历史文化风貌、发展新型建造方式、优化街区路网结构等重要目标；上海市城市更新规划土地实施细则（试行）（沪规土资详[2015]620号）；上海市城市更新实施办法（沪府发[2015]20号）强调通过城市更新，进一步节约集约利用存量土地资源，提升城市功能、激发都市活力、改善人居环境、塑造城市魅力，推动内涵增长，促进创新发展；上海在新一轮《上海市城市总体规划（2015—2040）纲要》中率先提出要转变城市发展理念，促进城市发展从传统的增量拓张向存量提升转型；2016年上海市政府工作报告（2016）；《上海市十三五规划建议》（2016）中强化突出全面深化改革开放，深入实施创新驱动发展战略，加快经济转型升级，提升城市核心竞争力的发展主线。由此，上海建设"全球城市"的目标得以明确，中心城区则是构成了未来上海迈向全球城市的核心功能承载区。在上述多元冲突的激发下，上海中心城区的更新建设正与城市文脉与发展印记、公共空间及慢行网络、重大事件与社会活动举办等更为紧密地联系在一起，不断彰显自身的价值导向和发展资本，更趋重视历史风貌的保护与利用，强化一个地区的文化体验与整体氛围，并将政策法规及规划设计手段作为重要的"调控器"，来作用于旧城的更新发展、满足社会发展的多元需求——这些持续推进的更新行动及导向，亦为长宁区这样的建成区带来了新的发展契机。

长宁区是上海核心城市功能的重要空间载体，是高品质、多样化的现代化城区，体现上海一流城市建设风貌和生活居住水平的国际精品城区。一方面，十三五规划中长宁区着重推进虹桥国际贸易中心、中山公园商业中心、虹桥临空经济园区三大功能区协调发展，推动三大功能区的功能提升和相互融合；另一方面，"十三五"时期，长宁区正处于深度转型的关键时期，其具备良好的发展基础和优势，存量土地也已经到了天花板，面临诸多困难和挑战，共同激发区域整体更新发展的迫切需求（详见表1）。

上生所项目位于长宁区东部，新华路、衡山—复兴和新华路三个历史文化风貌区的中间区域，临近中山公园商业中心，北临延安路一世纪大道城市发展轴，南近徐家汇市级副中心，区位条件良好。项目所在街坊为新华社区D1街坊，范围为北至延安西路、东至番禺路、西临规划安西路、南至牛桥浜路，总用地面积约11.3 hm²。街坊南北长约400m，东西宽约280m，整体路网密度偏低，距离临近的轨道交通站点直线距离均约1 000m、有一定距离，但北部延安西路上布局BRT中运量公交番禺路站点、公交较为便利。基地内部和周边聚集了大量的历史保护建筑，区域历史文化底蕴深厚，该区域也属于原上海历史城区的核心地块，构成城市高密度开发区域。

因此，在新的发展形势与机遇下，项目试图通过对历史文化的传承与挖掘，同时结合城市更新、相关发展战略和政策，进行整体规划研究与评估，综合考察上述多元因素的合力驱动，研究街坊发展定位、功能主导、历史风貌、城市形态、建筑评价和公共要素落实等具体化的更新内容，试图结合"保护更新、公共优先、特色强化、要素协商"的关键运作方面，合理确定规划控制要素，提出街坊改造的重要调整建议，引导积极有效的更新实践、促成有益的旧区更新机制。

二、保护更新，旧有转化为创新的动力

回看上海新天地项目，其改造前的1950户居民在改造后全部外迁（当时户均拆迁补偿仅为20万元），使得这一区域成为典型的商业旅游型街区，"其2 hm²面积其实担当了52 hm²地区的'会所'功能"（王伟强，2006）。对比来看，今天上海关联历史风貌的街区改造，不再是大拆大建，而是强调

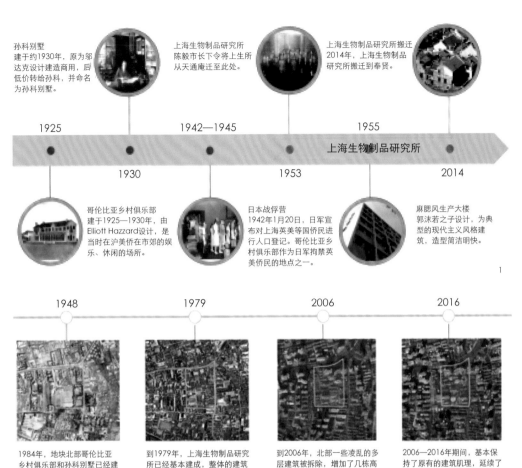

孙科别墅
建于约1930年，原为邬达克设计建造商用，后低价转给孙科，并命名为孙科别墅。

上海生物制品研究所
陈毅市长下令将上生所从天通庵迁至此处。

上海生物制品研究所搬迁
2014年，上海生物制品研究所搬迁到奉贤。

1925　　1942—1945　　1955

上海生物制品研究所

1930　　1953　　2014

哥伦比亚乡村俱乐部
建于1925—1930年，由Elliott Hazzard设计，是当时在沪美侨在市郊的娱乐、休闲的场所。

日本战俘营
1942年1月20日，日军宣布对上海英美等国侨民进行人口登记。哥伦比亚乡村俱乐部作为日军拘禁英美侨民的地点之一。

麻腮风生产大楼
郭沫若之子设计，为典型的现代主义风格建筑，造型简洁明快。

1948　　1979　　2006　　2016

1984年，地块北部哥伦比亚乡村俱乐部和孙科别墅已经建成，南部比较空旷，整体的肌理还没有完全形成。

到1979年，上海生物制品研究所已经基本建成，整体的建筑肌理基本形成。但现状主要是以一些低层和多层建筑为主，北部的建筑肌理比较凌乱。

到2006年，北部一些凌乱的多层建筑被拆除，增加了几栋高层建筑，开辟出了更多的开敞公共空间和场所。

2006—2016年期间，基本保持了原有的建筑肌理，延续了原有的建筑风貌。

1

2

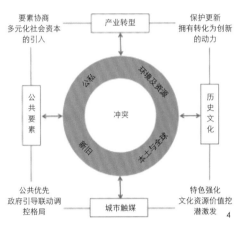

3

4

保护更新：将旧有的肌理格局、历史建筑与文化累积等，转化为创新的动力，而新的发展在空间上应与旧的空间和尺度协调，新的项目在功能上与周边功能形成互动，从而促进这个地区的活力。

与之相应，上生所项目对街坊现状建筑逐栋进行了调研评估（基地内建筑主要以低多层建筑为主，仅在北部沿延安西路南侧布局有几栋高层住宅

建筑。基地内的孙科别墅、哥伦比亚会所是上海市保护历史建筑，同时，根据《长宁区历史建筑普查信息汇总图》，上生所内共计有9处50年以上的富有保留价值的历史建筑，具有显著的工业时代的建筑特征，包括哥伦比亚会所、孙科住宅、麻腮风大楼、工程部大楼、研发财务楼、健身房、游泳池等），结合上海最新的历史建筑普查工作要求，基

本保留50年以上的历史保护建筑，并在此基础上对于建筑质量较好，并具有一定工业类风貌特色建筑也进行最大程度的保留。结合这些历史建筑的修缮、功能转化与综合利用，构筑文化创意、商业休闲、商务办公等的多元功能业态与创新产业支撑，激发地区的创意活力生活。与此同时，由于街坊中大量的历史建筑是底层与多层建筑，还有三处历史保护建筑，在风貌保护区内的建筑高度需要与保护建筑的高度相互协调。因此，更新方案提出新建的建筑原则上高度不超过场地中的既有建筑高度；34.8m、8层高的麻腮风大楼依然作为用地中间柱的制高点，新建建筑控制在3~6层，保用地以多层建筑为主的空间格局，建筑体量上则建议以中小体量为主，使新的建设延续建筑特质，并与整体风貌与空间关系相协调，促成整体保护更新的实现。

三、特色强化，文化资源价值挖潜激发

上海中心城区汇聚着大量的历史和文化元素，它们营造出特有的场所感和认同感构成城市魅力和

表1　　上生所区域整体更新的多元因素驱动

因素		产业转型	历史文化	公共要素	城市触媒
驱动维度		产业转型推动城市空间功能更新	历史文化价值影响区位选择模式	公私博弈影响区域更新发展模式	城市触媒引发地区联动发展格局
	现实问题	资源约束紧迫，传统服务业亟须转型升级，亟待培育新的增长点	特色及资源发掘不足，有重要历史文化价值的传统建筑保护力度有待加强，综合环境有待整体提升	城市建设格局基本形成，新增土地资源越来越难，配置公共要素内容越来越难，存在不同程度的缺口	具有良好潜力的区域发展存在建筑布局、周边场地、综合环境上的不尽如人意，亟须强化触媒元素的借入与激发
	空间表现与行动	战略性新兴产业和生产性服务业、新都市主要生活区等空间集聚，彰显城市空间在产业转型下的功能调整，引领存量土地盘活、结构布局优化、推进区域整体转型	历史文化潜移默化地影响社会经济发展与人们的行为选择，影响区位价值、关联土地极差，借由底蕴深厚和特色风貌地段吸引城市功能良性聚集及高强度的投资与活动	充分考虑了市民的需求，进行资源整合和功能叠加，公益优先，弥补短板，增加公共服务设施、增加公共开放空间、提升综合环境的品质，并积极鼓励和引导社会力量参与，协调多元利益	推进地区整体评估，聚焦城市更新的潜力项目，整合区域资源，增强创新活力，形成社会生活的催化剂、区域复兴的引擎，促使城市持续、渐进发展

要素协商
多元化社会资本的引入

产业转型

保护更新
拥有转化为创新的动力

公私

公共要素

环境及资源

历史文化

冲突

新旧

本土与全球

公共优先
政府引导联动调控格局

城市触媒

特色强化
文化资源价值挖潜激发

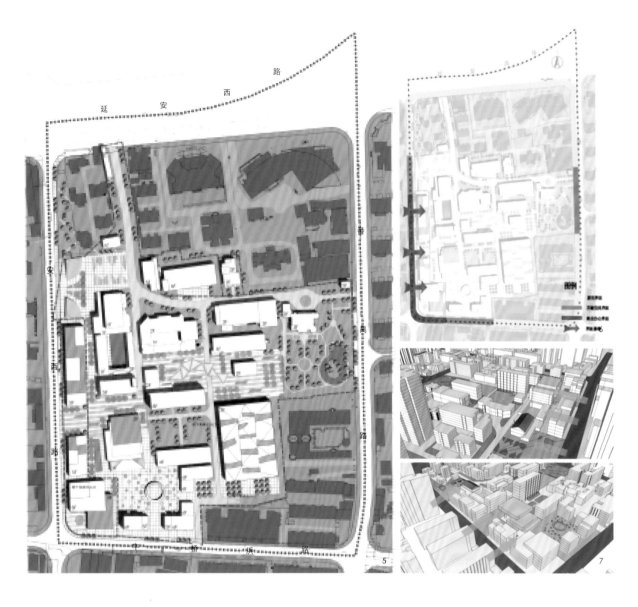

5.方案平面示意
6-7.上生所地区公共界面的强化分析图
8.西侧主广场改造示意图
9.西侧主广场区域沿街景观示意图

活力的重要部分。如今文化被认为是一种全球性的财富资源，一种传递财富利益和营造地区精神的方式（Comedia，2003），文化资源的独特性可以振兴城市中心的经济发展，并创造更多的就业岗位，因此，文化在城市更新过程中的作用不可估量。2017年3月30日，长宁区发布《长宁区2017—2021年城市更新总体方案》，成为上海首个城市更新总体方案，强调既有建筑与街区的改造提升，以更好保护城市历史文脉，创造优质的发展空间，促进经济空间与文化空间、生活空间、生态空间有机统一，而东部区域发展尤其着眼于文化功能，聚焦历史风貌区的保护和利用。

总的来说，上生所地区的保护更新将文化功能、历史风貌资源价值的发掘与利用放到了首位，力求延续街区的历史发展脉络及其构成联系周边风貌区的重要区域的特质，进一步明确街坊内风貌区建设控制范围，结合历史场域的恢复、基地空间梳理，在

西、南、东形成3处绿地广场空间，并结合街区肌理脉络形成的内部公共通道和开敞空间，试图促成这样的场所氛围与环境特色：人们可以在此强烈地感受到文化记忆以及历史的存在，在尺度宜人、舒适安全、丰富有趣的街巷中行走，享受着可以体验并参与进来的历史性公共空间。尤其是西侧主入口的改造，试图通过拆除哥伦比亚会所的游泳池建筑搭建部分、从而将特色的历史建筑立面充分地展现出来，并与新的公共广场空间、沿街界面充分结合起来，发挥历史建筑的最大公共价值。

四、公共优先，政府引导联动调控格局

公共意涵囊括了公共及开放空间、公共空间资源、社会公正以及公共保障住房的多元化视角，而公共优先也是城市设计一贯的发展目标和重要指向，并在今天结合社会行动与举措中利益与责任的

边界限定，朝向一种政府引导下的中国式公众参与的扩大及实现可能。而上海旧区更新中对于项目实施过程中的公共要素保障与底线管控正日益强化，尤其是在规划评估阶段的"顶层设计"切入，政府主动介入、统筹调控，将公共要素的确定作为项目开展的必要条件与实施重心，力求让市民和原产权人等通过这一过程共同受益，这样也更有利于后期的更新愿景的达成。

就长宁区而言，随着新增土地资源越来越少，配置公共要素内容越来越难，存在不同程度的缺口，其城区发展在部分群众的居住环境、建筑环境品质上存在短板，一些领域的公共服务能级仍需提升。相应的，上生所项目新增公共服务配套设施，贡献公共开放空间，强化公共活动界面——在优先保障公共利益的前提下，政府主导进行整体规划评估，结合当下城市更新政策关联的激励机制落实可能，与央企、民企所形成的共同体进行谈判与协调，力求促成三方共赢

的创新发展格局。

五、要素协商，多元化社会资本的引入

可以发现，为了最佳推进可行的实施方案，离不开各级政府、私人个体、非政府组织间的参与甚至是密切合作。而对开发过程的管理、指导或控制也可以通过一些既承认集体利益，也满足开发者利益的方式得到实现；公共部门的任务也绝不仅仅是"控制"与"引导"设计和开发，它可以借由社会资本的引入，利用各种不同的法定与非法定职能，把握核心发展要素内容，比如，针对上海更新项目中公共要素清单列项，协调设施短板如何补足，如何优先安排近期实施性强的更新空间资源及更新空间用地性质、开发规模、风貌保护等具体要求，来进行多方协调、影响城市品质、建构地区特质，社会主体也得以在政府鼓励下进入公共服务领域，并借由公共资源的渗透进一步促进公益服务的提供——上生所项目的整体运作正是这一方式的明显体现。

这里，社会资本就像一种黏合剂，凝聚了社会风俗、习惯和关系的财富，构成为一个组织的相互利益而采取的集体行动，并往往在一个地区的开发中体现为一种"软件基础设施"，暗含了开放包容、亲密融合、责任与归属感等社会行动意涵。而多元化的社会资本楔入，也使得空间与社会文化、公共资源、权力、资本等核心领域的相互影响更为紧密，促使社会主体与本土城市更新进程中的社会、经济、文化和制度背景更加关联、产生良性互动。但需要极力避免的情况是，如21世纪初的多伦路社区改造，虽然架构了具有"政府导向、企业实施"的开发机制，试图通过引入社会资本促进改造实施（上海多伦路文化名人街管委会，2010），然而，其实施运作中则出现了企业投资中断、社会资本引入乏力的现象，因此也导致社区开发因资金不足而搁置。同样，上生所项目的后续推进中，也应注重完善约

束机制，应关注项目未来运营保障、企业监管等方面可能出现的掣肘因素的破除。

六、结语：新的更新导向及其内在联系

本文结合位于上海中心城区核心区域、属于上海2017更新试点项目的长宁区新华社区上生所项目，将其城市空间的发展建构与实践行动引导结合起来考察，分析项目背景及其多元驱动，以及其间朝向冲突应对的城市功能、形态和结构本土整合的策略应答与安排，探究实践运作过程中所表现出的主要特征、内在联系、变革导向——一种结合规划设计实践建构的旧区更新机制思考。

上生所项目基于其自身的历史特质与实践需求，在当前阶段的规划评估与发展建构中，彰显"保护更新、公共优先、特色强化、要素协商"的关键运作方面，凸显出特色街区在当代的一种功能再构、复兴发展，这些变化与人们的生活方式和环境特征的改变紧密关联，事实上回应了城市中新与旧、公与私等核心冲突如何更有效地消弥，也体现出目前上海旧城更新机制上的紧密联系实践与动态开放。

与此同时，尽管上海在旧城改造与实施建设方面已列于全国前端，但不可否认还存在需要改善及加强的地方，未来上海还亟须在旧城更新的方式和机制、激励及扶持政策等方面进一步探索，以更加有针对性地研究强化的本土发展转变，提高对生活质量、公共利益考量的权重，促进对城市历史积淀和文化价值的发掘，制定更加合理有效、有利社会公平的行动规则，在城市变革与转型发展中促进实现持续的文化积累与创新朝向更趋可持续的旧区更新发展。

参考文献

[1]王伟强.历史文化风貌区的空间演进[N].文汇报,2006-10-15,第6版

[2]莫霞.冲突视野下可持续城市设计本土策略研究——以上海为例[D].

上海：同济大学博士论文，2013.

[3]焦怡雪.社区发展：北京旧城历史文化保护区保护与改善的可行途径[D].北京：清华大学博士学位论文，2003.

[4]长宁区历史建筑普查信息汇总图[Z].2017.

[5]上海长宁发布城市更新总体方案.重点建设宜居社区[EB/OL]. http://news.sina.com.cn/c/2017-04-05/doc-ifycwyxr9452154. shtml, 2017-04-05, 中国经济网.

[6]长宁区国民经济和社会发展第十三个五年规划纲要[R].2017.

[7]上海市城市更新规划土地实施细则（试行）（沪规土资详〔2015〕620号）[S].2015.

[8]上海市城市更新实施办法（沪府发[2015]20号）[S].2015

[9]上海实业东滩投资开发（集团）有限公司，ARUP，设计新潮杂志社编著.东滩[M].上海三联书店.2006.

[10]上海多伦路文化名人街管委会.多伦路文化名人街的保护与开发——写在多伦路文化名人街一期保护开发十周年之际[J].文化月刊,2010（1）：30-33

[11]黄维民.新范式与新工具:公共管理视角下的公共政策[M].北京:中国社会科学出版社,2008:4-8

[12][英]Matthew Carmona, Tim Heath, Taner Oc, Steven Tiesdell编著.冯江、袁粤等译.城市设计的维度[M].江苏：江苏科学技术出版社,2005.

作者简介

莫　霞，华建集团华东建筑设计研究院有限公司规划建筑设计院，城市更新研究中心主任，高级工程师，博士；

王慧莹，华建集团华东建筑设计研究院有限公司规划建筑设计院，城市更新研究中心副主任，工程师。

基于社区发展的城市更新规划研究
——以上海普陀区社区城市更新研究为例

Research of Urban Renewal Planning Based on Community Development
—A Case Study of Community Renewal in Putuo District, Shanghai

李金波
Li Jinbo

[摘　要] 研究从普陀全区的层面，分析了普陀社区城市更新的现状与问题，提出了更新的共识和理念、目标和方向，针对普陀区各种社会民生、资源紧缺与实际需求矛盾等问题提出相应的更新策略与行动计划，明确了各街道办、镇的发展定位，更新方向指引、更新项目及近中期实施时序等内容。

[关键词] 社区发展；城市更新；社区更新

[Abstract] This paper analyzes the present situation and problems of urban renewal in Putuo community from the perspective of Putuo district-wide and puts forward the common agreement, notion, objective and orientation of regeneration. Directed at solving various problems of social livelihood and the contradiction between resource shortage and actual demand, the paper provides the corresponding renewal strategy and action plans. It also clarified development orientation, renewal direction guide, renewal projects, short and medium term implement sequence of sub-district office and town.

[Keywords] community development; city renewal; community renewal

[文章编号] 2018-79-A-042

1. 职住比例分析图
2. 职住平衡分析图
3. 游憩人口密度叠加分析图

一、引言

进入"十三五"以来，新常态下经济发展向转型升级和创新驱动转变，传统社会管理向现代社会治理转变，城市建设逐步向精细化管理转变。"社会和谐、关注民生"成为国家和地方关注的重要议题。在此基础上，上海市政府提出"总量锁定、增量递减、存量优化、流量增效、质量提高"的土地管理思路。2014年市委一号调研课题着眼于"创新社会治理，加强基层建设"。社会治理与城市更新被推到了前所未有的重要地位。

目前普陀区面临人口结构复杂多样，老龄化现象严重等问题。普陀区存在部分陈旧的里弄街区急需得到更新升级，这些旧区里弄一方面存在安全隐患和环境问题；另一方面旧区的部分城市功能老化，存在公共服务设施数量和质量都不能满足居民需求，城市土地使用效益低下等问题，已经不能适应城市现代化生活的需求。

在上述背景下，普陀区开展社区城市更新工作，提升社区服务水平，使得社区城市更新成为推动普陀区城市发展转型的重要手段，以寻求城市可持续发展的必经之路。

二、更新面临的问题和挑战

1. 面临的问题

（1）面向空间转型的城市更新战略目标不清晰

更新战略目标不清晰，目前以单个项目实施为主，缺乏整体谋篇布局；缺乏总体评估和分区引导，未能有针对性地补足各街道办的短板，地区整体发展统筹有待加强；缺乏统一合理的更新改造评价标准，过分强调自身利益而忽视公共利益，城市更新行为失序；更新改造对象缺乏典型的实施案例参照，各类型城市更新改造缺乏成功项目的带动效应。

（2）面向空间转型的城市更新方法体系不完善

城市更新的工作方法与以"渐进式、小规模、适应性"的有机更新方式为主，并重点在于寻求公共系统资源的改善、调整和整合的工作方式存在相对差距；存量土地紧张、居住密度较高等因素使得社区设施配备上难度加大，设施与场地间的复合利用、集约布局度较低也造成一定程度上社会公共资源的浪费；目前的社区级公共服务设施缺乏系统考虑，从现状评估来看，缺乏系统层级划分，大量的公服设施集中在区级层面，社区级设施相对欠缺，同时全面层面设施分布不平衡，难以满足社区异质化趋势和提升型需求；目前的普陀区整体空间认知因素较为突出，缺乏空间特色，部分具有代表性的地域文化未能体现，导致辨识度较低，居民的归属感下降。

（3）面向社会转型的城市更新政策机制不健全

缺乏顶层设计，尚未建立职能清晰、分工明确、权责一致的工作机制；更新缺乏法律法规和政策体系支撑；缺乏功能改变和综合整治的协调机制，无法有效统筹存量资源；多方主体协调共赢的利益平衡机制尚待建立。

（4）面向社会转型的创新社区治理体系不明确

依据当前"6+2"的管理模式实施后，存在各部门之间职能交叉，工作界限不清晰的问题；社区服务人员在数量和素质上，都与不断发展的社区需求存在差距；社区志愿者体系尚不完善，服务层次及能级较低；街道社区组织在规划层面中往往处于缺位状态，难以瞄准基层需求；社区公众参与氛围偏弱，社区服务水平有待提升。

2. 存在的挑战

（1）自上而下整体统筹目标与自下而上市场个体需求协调难度大，对于社区城市更新目标、原则和基本理念的转型，难以达成统一的更新共识。

（2）普陀区空间、资源和环境全面进入约束阶段，存量土地有限，可利用的空间资源相当稀缺。

（3）人口老龄化严重；外来人口较多，局部居委会倒挂现象突出，人口结构复杂多样，带来社区治理多元细化的需求。

（4）公共服务需求日益增长与城市配套功能建设滞后之间矛盾突出，且设施配置效率低下，分布不尽合理，缺乏系统整合。

（5）社会组织管理压力大，尚未完全形成政府主导，社会组织加入，社区居民自治的社区管理模式；同时社区服务人员无论从数量还是质量都与社区建设发展目标存在差距。

三、更新目标

以"宜居新普陀·美好新生活"作为普陀区社

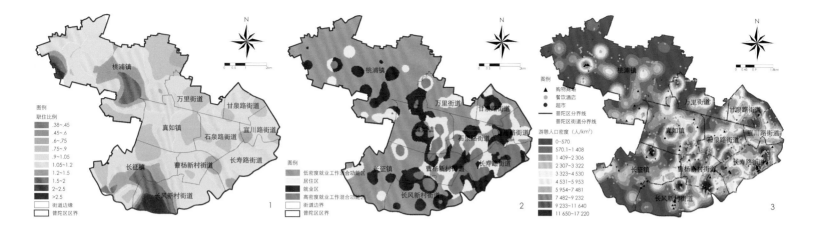

区城市更新的总体目标，以高品质、有机更新实现公平高效、服务便捷的宜居社区，环境优美、健康休闲的生态社区，文化浓郁、融洽互助的乐活社区，创新引领、活力四射的学习社区，多元互动、共建共享的和谐社区五大子目标，最终带动普陀城市空间和功能的战略性优化，组织管理和制度设计的系统性提升。

1. 公平高效、服务便捷的宜居社区

针对居民实际需求补短板、抬底部、促公平、提质量；更好地发挥政府提供公共服务的职能，充分利用市场机制，动员全区力量，不断满足多层次、多元化的民生需求，增进民生福祉，让转型发展成果更多、更公平、更实在地惠及群众，使居民满意度和获得感明显提升。

2. 环境优美、健康休闲的生态社区

通过改善社区人居环境，美化社区景观环境，整治社区卫生环境，全面提升社区物质空间环境，打造美观整洁舒适的生态社区，以此提升普陀区市容市貌，优化城市形象，营造"生态宜居新普陀"。

3. 文化浓郁、融洽互助的乐活社区

通过留存历史记忆、培育文化底蕴、提升城市魅力，逐步增强全区文化软实力，主动融入上海国际文化大都市和世界著名旅游城市建设中。推进公共文化设施网络建设，保护和传承社区文化特色，繁荣社区文化、体育活动，加强公众参与，促进邻里互动与交流，增强社区归属感。

4. 创新引领、活力四射的学习社区

构建社区就业培训体系，提高劳动者职业技能，促进社区居民就业再就业；整合创业、创新空间，完善社区、校区、园区联动机制，塑造创新环境与氛围，打造创新引领的学习型社区。

5. 多元互动、共建共享的和谐社区

创新社会治理，推动服务、管理资源下沉，强化基层管理力量建设；加强群众自治，建立社区事务的公开平台，创建多方参与的社区居民自治体系，建立和谐社区。

四、落实五大目标的实施对策

1. 建设公平高效、服务便捷的宜居社区

（1）构建"市、区级—街道级—邻里级—居委会级"四级公共服务体系。鼓励现有公共服务设施改造提升，提高规划公共服务设施建设标准，倡导公服设施的集约复合利用，引导公共服务设施"一站式"布局，结合公交站点、公园等，构建功能综合、空间集聚的社区中心。

（2）深化高科技、智能的运用，创新服务模式，打造智慧社区。

（3）夯实社区卫生服务中心网底功能，提高医疗卫生服务能力：近期聚焦长寿、真如、桃浦公共医疗卫生资源缺口较大街镇，新增14个社区卫生服务站点。

（4）完善养老服务供给建设，构建15分钟居家养老服务生活圈，建立老年医疗护理体系，积极实现网络平台对接，推进梯度精准化服务。

2. 塑造环境优美、健康休闲的生态社区

（1）推进旧住房改造修缮工作，改善社区人居环境。加大零星地块旧区改造，提升旧住房综合改造力度，建立老旧社区"健康档案"，完善相关配套和基础设施，从楼道环境、公共环境和居室环境三个方面实现住宅适老化改造，为老人提供安全、便捷、整洁的居住环境。

（2）美化社区景观环境，挖潜社区公共绿化资源，提高公共开放空间可达性，活化社区公共氛围，采用"嵌入式微绿化"拓展绿色空间。注重街道活力打造，提高街道绿化覆盖水平，构筑慢行步道连接公共开放空间，形成纤维状"微绿地网络"；整治社区卫生环境，整顿社区违搭乱建行为，开展社区公共开放空间精细化设计，积淀社区小空间高品质的设计美感。

（3）深入实施全区河道综合整治，启动"一河一策"实施方案，凸显普陀苏州河滨水活力空间，打造各街镇滨水特色空间。

3. 营建文化浓郁、融洽互助的乐活社区

（1）作响苏州河文化长廊品牌，构建景观、生态、经济多功能和谐统一的滨河经济带，打造绵延21km的苏州河文化长廊。

（2）以中国近代民族工业发源地为特色，依托老旧工厂，推动沿武宁路轴线以及M50、景源时尚、苏河汇、创意金沙谷等一批带动性强的文化创意产业园区建设，成为上海建设全球"设计之都"的重要承载区。

（3）优化资源，完善文体公共服务体系，推进设施网络建设。合理布局区级优质综合性文体项目，鼓励嵌入式完善社区级公共文体设施。提高高等教育校园的文化、体育设施开放度，分时共享，延展服务类型。

（4）建立社区邻里关系，丰富文体活动，强化活动项目与更新空间的结，以社区需求为导向建立项目库，培育群众文化品牌，繁荣居民文化生活，增强社区活力。

4. 倡导创新引领、活力四射的学习社区

（1）整合组织社会资源，探索培训、见习、就业一体化服务模式，促进社区教育发展，完善劳动就业援助体系，建设学习型社区。

（2）加大"社区—校区—园区—科研机构"的空间布局整合，在空间混合、功能融合的环境下提升创新活力，催生创新型社区。

（3）优化就业、居住功能布局，促进区域职住平衡。完善相关制度政策，优化各类人才发展环境。构建多层次的人才服务体系。

5. 打造多元互动、共建共享的和谐社区

（1）健全管理机制，增强区级层面、街道之间资源的统筹与整合，通过"党建共同体"提升社区党组织整合资源、统筹各方的能力与水平，实现资源的

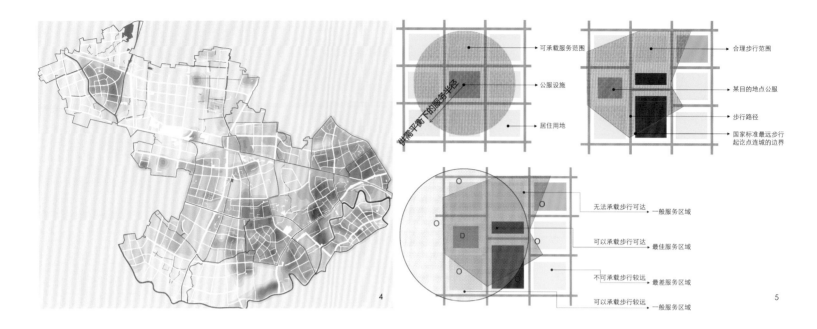

4.人口核密度分析图
5.公服可承载人口和实际步行路径叠加分析示意图

优化配置。

（2）强调社区居民、社区单位、社区规划师、社会组织及政府相关部门的多主体、全过程参与，引入社区规划师，构建党组织领导下的社区整体性治理格局，实现多元共治。

（3）资源下沉，提升街道角色的参与度。赋予街道进行协调的职权，发挥其协调各主体、统筹多部门的主体作用，发挥各主体的资源要素最大效应，强化全区"一盘棋"，实现统筹发展。

五、研究特色与创新

1. 强化顶层设计，统筹社区城市更新

以创新驱动、转型发展为指引，以"宜居宜创宜业"为目标，以社区综合治理为手段，以居民需求为出发点，以社区为基本单元，梳理现状问题和发展短板。关注城市发展对城市综合竞争力和可持续发展能力需求的同时，兼顾市民对宜居环境和社区自治的发展诉求。通过普陀区社区城市更新课题研究，向上贯彻全区城市发展目标和要求，为城市更新和社区规划提供框架，向下统筹更新试点项目，为各街镇社区城市建设提供规划指引。

2. 坚持公共优先、群策群力，激发社区自治活力

关注环境建设的同时，更注重以人为本、民生导向的现代城市治理，坚持公共优先，体现人文关怀，完善医疗卫生、教育、养老等社区服务体系，健全社区管理和服务体制。通过社区城市更新促进公共服务设施改善、城市治理水平提升，最终实现社区可持续发展。

3. 创新规划方法，完善大数据利用，提升公众参与水平

运用城市社会空间与物质空间相结合、宏观分析与大数据模型相结合的方法，有效利用人口结构分析、手机指令数据分析、出行通勤规律等大数据为规划研究提供强大的技术支撑。基于手机信令数据，探索了城市生活中新体系识别与评估的方案。对既有规划与现状进行评估，比较识别结果与规划的差异，提出了基于职住平衡的相关公共服务设施配套建议。倡导公众参与，通过问卷调查、居民深度访谈等深入社区、贴近居民的调查研究，广泛听取各方意见，应群众所盼，解群众所忧，聚众智编规划。

4. 确立明晰的更新目标、指标体系

树立以"宜居新普陀·美好新生活"的更新总目标，分解为五大分项目标，制定明确的社区城市更新评估指标体系，分为宜居社区、生态社区、乐活社区、学习社区、和谐社区5大类、54项指标；分为规定型、预期型两类，基于现状水平提出了目标年份应达到的指标水平。

5. 创新社区公共服务设施综合评估方法

区别于传统"一刀切"的方式，本次规划结合服务人口数量、设施规模、步行路径的精细化数据，开展公服设施可承载人口的定量评估，结合步行路径的定位评估，得出普陀区各类设施供需规模差距和空间服务情况。

6. 制定分层分类更新工作推进步骤

针对普陀区各种社会民生、资源紧缺与实际需求矛盾等问题提出相应的更新策略与行动计划，分区、街道、项目三个层面工作安排推进，明确了各街道办、镇的发展定位，更新方向指引、更新项目及近中期实施时序等内容

分区、街道、项目三个层面工作安排，区级层面注重教育、养老、卫生、文体、社区环境、社区就业创新等服务的系统性完善提升；街镇级层面，把脉各自特色，有针对性的提出各自更新方向、对策指引；项目层面，对近期重点项目进行梳理，形成各街镇十三五行动计划。分类注重不同街镇、不同社区类型的治理指引。

六、结语

普陀区社区城市更新是一项高度系统化的工作，既需要全面统筹的"顶层设计"，更需要对具体实践进行精密深入的路线设计，对关键问题，核心环节和重要地区进行重点突破；既是对城市更新工作本身的实践探索，更是立足于城市转型发展、社会治理的全面改革探索，进一步向社会彰显城市更新中"以人为本，民生为先"的基本价值观，为政府提供稳定的更新政策框架，同时也促使普陀人民对城市更新和

表1 更新指标体系

指标类型	指标名称	单位	指标类型	发展目标及指标		
				2015年	2020年	2025年
公平高效、服务便捷的宜居社区	幼儿园生均占有建筑面积	m²	规定型	10.6	12	14.1
	小学生均占有建筑面积	m²	规定型	7.5	8.5	9.6
	初中生均占有建筑面积	m²	规定型	18.7	19	19.5
	高中生均占有建筑面积	m²	规定型	20.6	21	21
	人均社区文化设施建筑面积	m²	规定型	0.04	0.07	0.09
	人均公共体育设施用地面积	m²	规定型	0.1	0.15	0.2
	人均社区医疗设施建筑面积	m²	规定型	0.04	0.05	0.06
	千人全科医师数	人	预期型	—	0.4~0.5	0.5~0.6
	千人医疗机构床位	床	预期型	5.0	7.5	8.5
	市民电子健康档案建档率		预期型	—	100%	100%
	居民平均预期寿命	岁	预期型	81	≥82	≥85
	每千名老人占有养老床位	张/千人	规定型	23	30	30
	每千名老人占有社区居家养老服务设施建筑面积	m²/千人	规定型	58	70	100
	居家养老服务能力达到届时60岁以上户籍老年人口		规定型	—	7%	10%
	养老床位总数达届时户籍老年人口		规定型	—	2.5%	3.5%
	每名老人占有老年人活动中心建筑面积	m²/人	预期型	—	20	30
环境优美、健康休闲的生态社区	环境空气质量指数（AQI）100		预期型	—	≥80%	100%
	PM2.5日均浓度	μg/m³	规定型	—	40	30
	人均公园绿地面积	m²	规定型	2.35	7.7	10
	区域绿化覆盖率		预期型	25.47%	28.5%	35%
	社区公园数量	个	规定型	145	200	250
	社区公园可达性		规定型	74%	90%	100%
	关闭低端市场数量	个	规定型	21	40	60
	职住平衡指数		预期型	—	60%~65%	65%~75%
文化浓郁、融洽互助的乐活社区	户籍中低收入家庭住房保障比例		预期型	—	90%	100%
	失业人员再就业比例		预期型	—	90%	100%
	万人110报警率		预期型	65.37	50%	30%
	新增文化设施面积	万m²	预期型	—	10	15
	居（村）委会综合文化活动室覆盖率		规定型	95%	100%	100%
	区级特色文化队伍	支	预期型	—	15	20
	注册志愿者人数占常住人口比例		预期型	—	10%	15%
	文化指导员	人	预期型	—	100	200
	举办文娱休闲活动频率	次/月	预期型	中	高	高
	文娱活动参与率		预期型	中	高	高
	社区文化活动的品质	高中低	预期型	中	高	高
	人均体育场地面积	m²	规定型	—	0.9	1.0
就业保障、创新引领的学习社区	教育经费占GDP比重		预期型	2.91%	3%~3.5%	3.5%~4.0%
	财政性教育支出占财政预算支出比例		规定型	—	25%	>25%
	中级以上技能人才占技能劳动者比例		预期型	—	50%	60%
	免费WLAN覆盖公益性公共场所		预期型	—	100%	100%
	各类职业技能培训人次	万人次	预期型	1.81	2	2.5
	高级技能培训	万人次	预期型	0.3	0.4	0.5
	保障性住房套数	套	预期型	10 714	12 000	13 000
	孵化器数量	个	预期型	27	30	35
	科创高新技术企业数量	家	预期型	224	250	300
多元互动，共建共享的和谐社区	每万人拥有社工数	人	预期型	—	10	15
	每万人拥有社会组织数	家	预期型	—	8	15
	社区信息服务覆盖率		预期型	—	≥50%	100%
	行政审批项目网上办理比例		预期型	—	≥90%	100%
	城市网格化管理的覆盖率		预期型	—	100%	100%
	涉及民生重大决策的听证率		规定型	—	100%	100%
	市文明社区镇		预期型	—	90%	100%
	市、区级文明小区		预期型	—	70%	100%

城市未来建立更加积极、稳定的预期。展望未来，通过社区城市更新，实现普陀"城市让生活更美好"的发展前景。审视当下，实施社区城市更新发展规划仍是一项探索创新的工作，也是一项长期持续的工作。

主要参编人员：龚英子 徐幸子 虞燕 张莹莹

作者简介

李金波，复旦规划建筑设计研究院二所项目负责，高级工程师，注册规划师。

专题案例
Subject Case
公共空间实践
Practice of Public Space

上海CAZ地区社区更新中的公共空间提升策略
——以华阳街道城市微更新为例

Open Space Renewal Strategies in Community of Shanghai CAZ Area
—Taking Huayang Urban Renewal Planning as an Example

徐 靓
Xu Liang

[摘　要]　上海在用地"负增长"的背景下，城市规划呈现出由增量规划向存量规划转变。在此背景下，探讨其中央活动区（CAZ）范围内的社区的更新方式显得迫切需要。本文以该类社区中的一个典型代表——华阳社区（中山公园及周边地区）为例，根据其面临的实际的问题，结合国外相似社区的更新的案例，提出了该社区更新的设施、公共空间及交通的策略，在本文中着重讲了其中公共空间的提升的策略。

[关键词]　城市更新；社区更新；CAZ公共空间；上海；华阳街道

[Abstract]　Under the background of negative growth of land use in Shanghai, urban planning has changed from incremental planning to inventory planning. In this context, it is urgent to explore the ways of community renewal within the scope of the central activity area (CAZ). In this paper, the community is a typical representative of Huayang Community (Zhongshan Park and the surrounding area) as an example, according to its actual problems, combined with the foreign similar community renewal cases, put forward the community renewal strategy, especially focus on the open space.

[Keywords]　Urban Renewal; Community Renewal; CAZ Public Space; Shanghai; Huayang Street

[文章编号]　2018-79-A-046

1.上海建设用地"负增长"分析图　　　5.华阳社区范围内的历史风貌街区范围
2.华阳社区范围　　　　　　　　　　6.华阳社区建设用地现状图
3.历史保护建筑现状图　　　　　　　7.上海市四大行动框架图
4.华阳社区市级及区级设施分布图

一、背景与概况

1. 规划研究的背景

2014年5月6日上海召开第六次规划土地工作会议，韩正书记明确提出了"上海规划建设用地规模要实现负增长"，杨雄市长要求必须"通过土地利用方式转变来倒逼城市转型发展"，这标志着上海进入了更加注重品质和活力的"逆生长"发展模式。

上海目前已经进入了存量土地开发的新的阶段，至2040年，规划建设用地总规模将实现"负增长"，相应的从关注增量空间到关注存量提升思路的转变。城市更新已成为上海城市发展的主要方式，也是未来城市治理的关键抓手。在2016年上海提出了城市更新四大行动：计划共享社区、创新园区、魅力风貌、休闲网络，还不断推出城市空间季的设计项目，塑造"行走上海"的品牌，明确在现有法定规划体系以外，通过系统的街道更新规划来提升社区环境品质。其中，社区空间微更新计划选取有代表性的节点，首批全市11个试点中，本次研究的华阳街道先期启动了金谷苑、大西别墅两个试点。目前有方案入选的志愿者规划师在全过程地跟进这两个微更新的项目，已经初见成效。

2. 规划研究对象的概况

华阳街道地处长宁、普陀、静安三区交界处，面积约2km²；居民2.5万余户，7.2万人，是一个具有示范意义的中央社区，满足日本研究机构提出的CAZ地区的特征。大量高等级的公共设施，中山公园、大学、美术馆、商圈等；同时华阳社区的武夷路、愚园路属于市级的历史风貌街区；还有十余处市级文化保护建筑，大量的场所、林荫的道路、街头的小品。

二、案例研究

1. 案例选取的原则

根据华阳街道自身发展的情况与未来发展的诉求，本次研究的对标的案例选择遵循了以下几个原则。

（1）国内外的最先进的全球城市（在城市发展及城市治理、城市更新理念与实践方面领先的）。

（2）城市的CAZ地区的混合功能社区：排除了功能单一的居住型社区。

（3）年龄结构呈现典型的老龄化，同时良好的教育资源又吸引了大量儿童的居住：人群决定了需求的差异性。

2. 案例启示

（1）关注设施的精准化复合化

东京的为老、为幼设施以及文化设施都有较高的设置标准，同时在设计上是非常人性化和人情味的。东京多摩等老龄化社区，提供了综合化的为老服务的设施，强调医养结合，满足了不同情况老年人的个性化的养老需求。在有的设施里，尝试把老人和儿童的设施邻近设置，打造跨年代社区。

东京也是著名的儿童友好城市，社区的为幼服务值得借鉴，社区托儿所、社区儿童活动中心、社区家庭聚会中心、儿童活动场以及社区家庭农场共同组成社区儿童综合体。

（2）关注空间主题性

先进社区注重空间的主题化设计，柏林中心城区的哈克雪庭院改造，把原本非公共的、半公共的空间，进行了公共的改造，成为口袋公园，注入了庭院的活力。更新后的哈克雪庭院以比较低的租金、税率的方式，鼓励从事艺术、工艺、设计的创作者成为租户，并且为新文化、新思想、新潮流、亚文化提供交流和发展的空间。

（3）关注空间的创意利用

巴黎和苏黎世、温哥华，则在轨交高架的桥下

图例
■ 主城区内城市开发边界
■ 新城内城市开发边界
■ 新城、集镇内城市开发边界
▨ 产业基地和产业社区

1

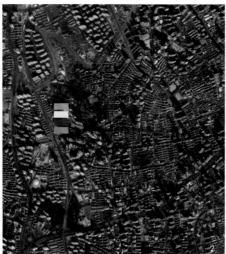

2

3

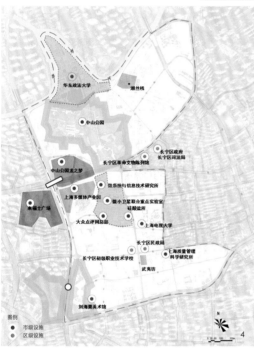

华东政法大学
潮丝栈
中山公园
长宁区政府
长宁区革命文物陈列馆 长宁区司法局
中山公园龙之梦
微系统与信息技术研究所
本福士广场
上海多媒体产业园 微小卫星联合重点实验室
大众点评网总部 硅酸盐所
上海电视大学
长宁区民政局
长宁区初级职业技术学校 上海质量管理
科学研究所
武夷坊
刘海粟美术馆

图例
● 市级设施
○ 区级设施

4

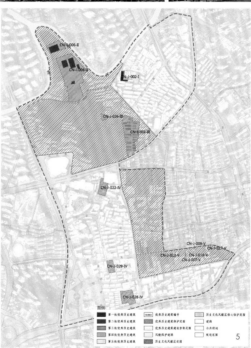

图例
第一批优秀历史建筑
第二批优秀历史建筑
第三批优秀历史建筑
第四批优秀历史建筑
第五批优秀历史建筑
优秀历史建筑辐射
优秀历史建筑保护范围
优秀历史建筑建设控制范围
风貌保护道路
历史文化风貌区范围
历史文化风貌区核心保护范围
道路
公共绿地
规划绿地

5

N

6

城市更新四大行动计划	针对的方面	核心的内容	试点地区及项目	四大片区更新
共享社区计划	社区服务	增加公共绿地和公共空间,控制建筑容量和高层建筑,包括打造15分钟生活圈,完善公共服务设施、慢行交通系统、公共开放空间、城市安全等公共要素。	中心城区10个微更新试点区域	苏州河一河两岸地区
创新园区计划	创新经济	促进传统产业园区转型和科创中心建设,增加创新空间,集聚创新资源,吸引创新人才和机构	张江科技园、紫竹园区等	张江西北片区
魅力风貌计划	历史传承	对具有地方传统特色的里弄街区、公共建筑、产业遗存、风貌道路及其他城市记忆进行抢救性保护工作,包括建立分级分类保护机制,协调风貌保护与发展建设的关系	一批具有地方传统特色的里弄街区、公共建筑、产业遗存、风貌道路	衡山路一复兴路历史文化风貌区
休闲网络计划	慢行生活	为打造网络化、舒适可达、健康生态的慢行休闲空间,创造丰富多样的城乡户外休闲体验场所,提升生活品质	贯通黄浦江、苏州河等市区级滨水步道及绿道,理顺街区慢行网络,改造万体馆等	徐家汇体育公园片区

7

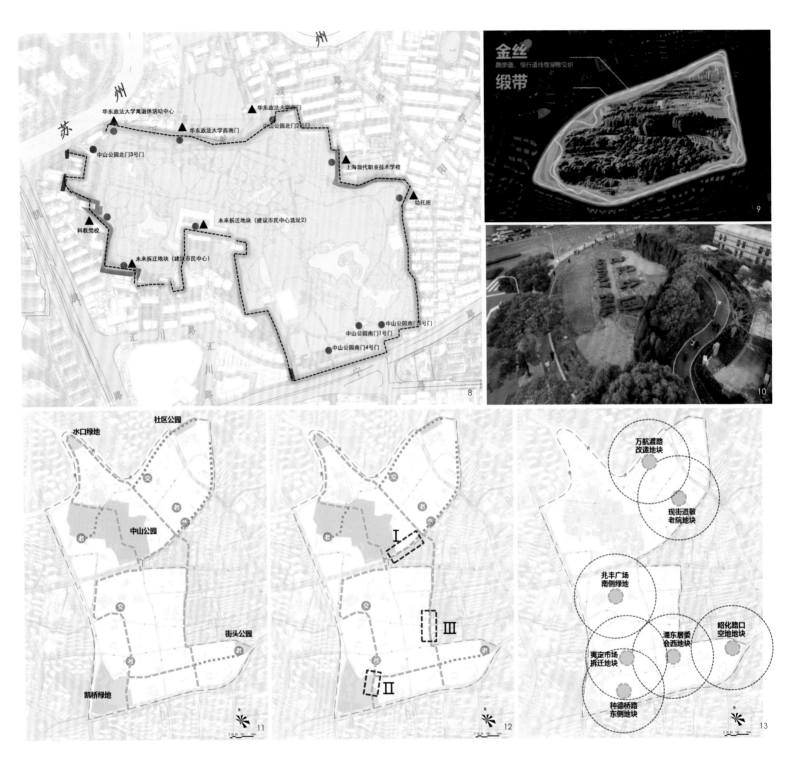

金丝
缎带

空间做了文章，进行了非常有创意的改造，做了咖啡馆、艺术馆、运动场等设施成为了区域的地标。

（4）关注空间的链接的构建

新加坡则是通过PCN（park connect network）对每个片区的大小公园、公共设施进行了串联，让人民可以很惬意地享受这些设施，实现了"生活在花园中"的目标。

三、规划目标的设立与策略

结合案例的启示和华阳实际，本次规划提出了"趣城·乐园·慢街"打造更开放的城市客厅，更健康的都市邻里和更有品质的文化社区的目标，分别提出了三大系统的策略，设施策略一：精准配置、复合共享：在土地及设施资源紧缺，社区老龄化趋势明显的背景下，加强对现有设施供给的针对性配置，提高设施使用效率；公共空间的策略二：功能植入，绿道联通建设全面开放的林荫交往社区；公共交通策略三：慢行链接、资源共享。

四、行动计划：公共空间的开放、联通和活化

1. 五大行动之一：开放活力的城市客厅

（1）中山公园全面开放计划

通过柔化边界（取消围墙，或者用树墙、花墙、假山等代替水泥围墙）、增加出入口，注入活力设施，同时策划有影响力的主题活动，如"公园周""公园嘉年华"等。上海浦东世纪公园正在实施开放改造方案，通过内外步道双线设置，增加慢行步

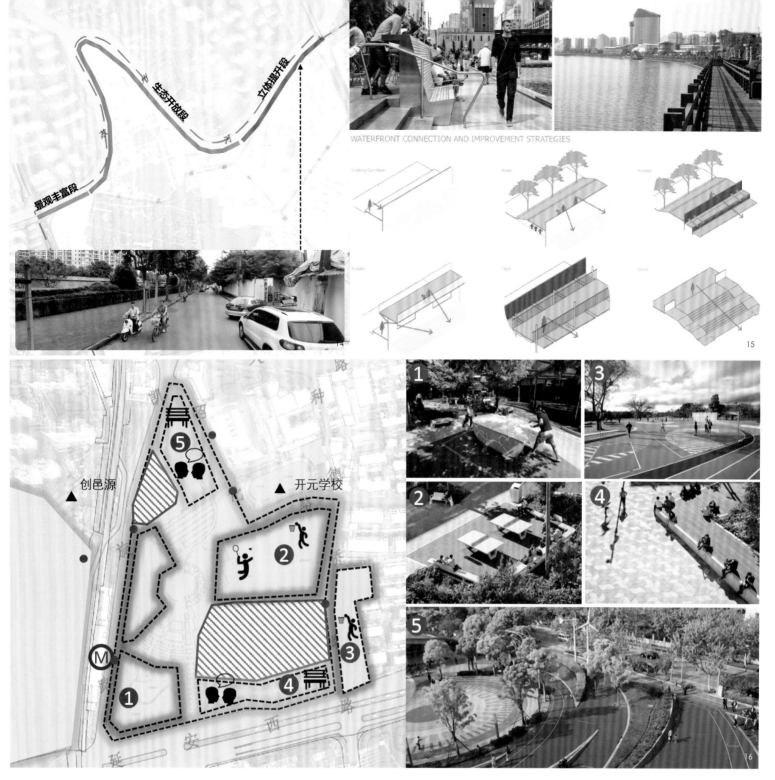

WATERFRONT CONNECTION AND IMPROVEMENT STRATEGIES

8.中山公园的开放措施分析图　　　14.苏州河亲水措施示意图
9-10.世纪公园开放实践图　　　　15.苏州河岸线改造
11-12.华阳社区的PCN计划　　　　16.凯桥绿地改造为运动主题示意图
13.路口节点口袋公园设计示意图

道空间，丰富慢行健身体验。

（2）凯桥绿地主题改造

凯桥绿地策划为运动主题的绿地，植入乒乓球台、篮球场（非标准）、滑板道、儿童健身设施等。

（3）苏州河滨河开放策略

苏州河滨河总体分为三段改造，增加社区的亲水性。华东政法大学内水口的闲置的空间，打造成河口的亲水公园。成为苏州河沿岸的一个魅力吸引点。

2. 五大行动之二：联通，营造健康的交往绿环

营造健康交往绿环，通过一个南北贯通的8字形的主环，串联了与社区公园、街头公园联系的四条副线。

慢行道的打造也需要根据不同的道路断面、不同路段的交通需求情况，实际的交通流量等综合考虑，进行区别化的措施，对于机动交通需求高的主干路，如长宁路，需要采取分离路权，独立慢行道方式。

如种德桥路、武夷路、定西路等，需要采取增加停留的设施、增加植物的美化等方式，优化慢行的环境。

对于机动交通需求最低的支路，巷弄等，如安西路，需要通过道路的稳静化设计，组织单向交通，改变地面的铺装，增加围墙的透绿设计、增加路灯照明，增加小尺度的街道家具等。更好营造街道进入到社区，回家的路的安全与归属感的氛围

3. 五大行动之三：建设社区口袋公园

改造提升社区边角地块，建设社区口袋公园，作为周边社区百姓交流休憩的场所，以及街道公共绿地

的补充，单个面积 0.3~0.5hm²，服务半径约300m。

4. 五大行动之四：明珠线橙线公园计划

位于凯旋路的轨道明珠线高架桥下的"橙线公园"，通过改造为篮球公园、滑板公园、改造步行空间的方式来进行活化。

5. 五大行动之五：趣味街道文化点亮工程

通过非永久的，装置建筑来丰富街角的空间，增加社区文化趣味性。

五、小结

本文聚焦在了华阳社区更新中的公共空间提升的系列的策略和设计措施，良好市民生活需要社区营造，但这种营造不仅是一种空间技术和管理手段，它应该为政府、居民、企业、社团、专业人士、志愿者和其他利益相关者提供一个沟通空间。通过实现上下合力，更好地整合政府力和居民自治的力量。从而让更新可以面对未来的无限的不确定性，不断自我成长完善的过程。

参考文献

[1]Peter，R.，Hugh S. Urban regeneration：A handbook[M]. London: SAGE Publications,2000

[2]翟斌庆，伍美琴.城市更新理念与中国城市现实[J].城市规划学刊，2009（2）：75-82

[3]哈克雪庭院官网http：//www.hackeschehoefe.com

[4]新加坡公园连接体PCN系网站 https://www.nparks.gov.sg/

[5]管娟.上海中心城区城市更新运行机制演进研究——以新天地、8号桥和田子坊为例[D].上海：同济大学，2008.

[6]徐靓.《柏林创意产业集聚区塑造对城市局部空间影响研究》[D].上海：同济大学，2011.

[7]潘海啸，崔丽娜.以保持地区活力为导向的街道功能设计研究——以上海苏家屯路改造为例，转型与重构——2011中国城市规划年会.

作者简介

徐　靓，中国城市规划设计研究院上海分院，注册城市规划师。

17.以长宁路为例的改造示意图
18.特色林荫绿以种德桥路为例的改造示意图
19.小型街巷空间以安西路一段为例的改造示意图
20."鼓励社区自主参与，共同提升社区"示意图
21-22.小型街巷空间以安西路一段为例的改造示意图
23-24.社区公建周边口袋公园设计示意
25-26.凯旋路桥下改造与活化意向图

展览
Exhibition

圆桌会议
Roundtable Meeting

调研
Survey

参与宣讲会
Citizen Hearing

公众论坛
Public Forum

游戏
Game

20

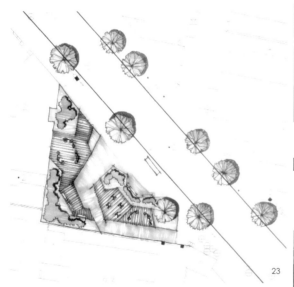

23

座椅区　涂鸦墙　　　活动器材区　公交车等候区

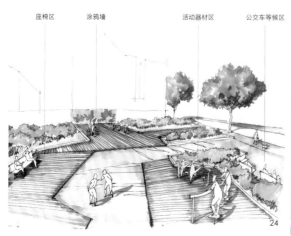

24

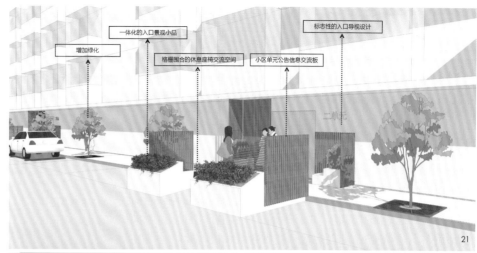

增加绿化　　　一体化的入口景观小品　　标志性的入口导视设计

格栅围合的休息座椅交流空间　小区单元公告信息交流板

21

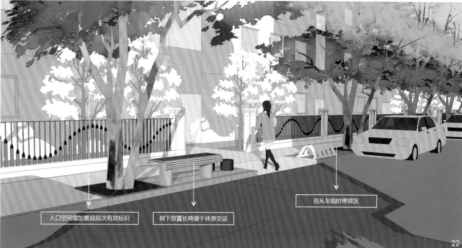

入口空间增加景观层次有效标识　树下放置长椅便于休息交谈　自从车临时停放区

22

设置有城市特色的雕塑，城市文化景观展示

运用不同的铺地材质划分不同的功能区　增加自行车专用道，解决通行问题

设置曲线形的景观座椅，配合绿植形成流畅的空间氛围　充分利用桥底空间，增设座椅

临水平台

25

26

以"公共开放空间整合"引领"城市微更新"的规划策略探索
——以《镇海区沿江地带(东段)改造规划》项目为例

Exploration on Urban Micro-regeneration Stimulated through Open Space Integration
—A Case Study of Regeneration Plan for Zhenhai East Zones along Yong River

翁晓龙
Weng Xiaolong

[摘　要]　本文聚焦于复杂地权条件下城市非核心地段的城市更新策略。提出以公共开放空间作为城市更新空间框架的总体原则,结合空间框架和土地权属设计更新单元的边界、容量和更新目标,并通过项目包的形式拟定行动计划。以微更新为手段实现城市在长时间大空间跨度上整体性更新。

[关键词]　城市更新策略;开放空间框架;更新单元;微更新

[Abstract]　The discussion on urban regeneration strategy is focused on non-core urban area where the land ownership is complicated. The integration of open spaced is raised as the main principle for regeneration space framework. Based on the space framework and land ownership, the planning area is divided into units with different regeneration goals and development volume. An action plan is made with a package of regeneration projects. The plan aims to regenerate the whole area over a long period through micro-regeneration strategies.

[Keywords]　Urban Regeneration Strategy; Open Space Framework; Regeneration Unit; Micro-regeneration

[文章编号]　2018-79-A-052

随着中国城镇化率步入50%以上,城市空间的增量日趋减少,存量则相应增加,各种城市更新项目也越来越多。然而城市更新在空间上、类型上都呈现了很大的不均衡性。一方面特大城市如深圳、上海都已经进入存量时代,并逐步探索城市更新的制度设计;另一方面,一些中小城市面临着新城建设和旧城更新同步推进,但城市更新的手段和技术却停留于新城开发的思路。同时,在城市内部的更新区域主要在核心区、历史地段或单一产权的园区和企业,规划类型以立面整改、历史街区保护、棚户区改造、创意园区建设等为主。

笔者近年接触到一些城市更新项目中不乏上述的类型,但本文述及的项目却代表着一种全新的类型。它是城市重要街区但非核心,有保护的要素但非历史地段,有大宗土地产权但零散地权更多,从某种程度上更代表着一些"草根"的更新诉求。这种项目即无法获取政府的专项资金,完全靠市场的力量也很难推动,这种更新规划该如何编制?本文试图从"微更新"的视角探讨一下这种类型项目的规划策略选择。

一、项目背景情况

1. 城市更新的背景

(1)城市大格局变迁与沿江功能调整趋势

镇海老城区位于宁波市甬江口北岸,有着一千年的历史底蕴,不仅是"宁波帮"的发源地,也是海内文明的"院士之乡",一直以来都是镇海区的政治、文化、经济的中心。随着城市的快速发展和产业提升,以及宁波市"三江六岸"的打造,老城区原有的功能及特别是滨江地区的土地利用模式已经和发展目标不相适宜,已进入更新改造的调整期。同时,镇海新城及周边区域的开发建设也为老城区的功能置换提供了空间条件。

沿江地带(东段)位于甬江入海口北岸,镇海老城片区东侧,是宁波市重要的港口门户区域。既是宁波"海洋文化"的重要展示窗口,也是展示镇海老城城市形象的重要区域。随着政府及相关机构的搬迁,此地带的功能整合、用地调整和滨江岸线的重新利用都有了新的契机。

(2)政府与市场条件下传统更新模式的困境

沿江地段的更新从城市整体发展的视角无须质疑,但实际操作上有着相当的难度。一方面镇海区的建设重心当前阶段集中于镇海新城的建设,政府在老城区人力财力的投入有限,同时镇海区的人口特别是老城区近年增长幅度不高,市场开发建设的速度减缓。另一方面,该区域的用地权属较为复杂,特别是滨江一些土地隶属于宁波港区和中交集团,从区政府层面协调整合工作有相当难度。总体而言,在当前情况下,传统的政府主导或大型企事业单位主导的更新模式在此区域都不适用,而采取城市微更新的模式则较为现实。

2. 现状的基本条件

(1)甬江、老城和招宝山

项目的资源主要集中于甬江、老城和招宝山三个要素。甬江是宁波的母亲河,即是城市变迁的脉络和记忆也是城市未来的公共活动平台和形象窗口。项目位于甬江的出海口,在相关规划中要求体现"海上丝绸之路"之路的文化特征。镇海老城则是一个"千年古城",历史上曾经是海防重镇,至今仍保留炮台、城墙、钟鼓楼等部分遗址,就分布在项目所在地周边。同时老城尺度宜人,绿树成荫,具有小城镇独有的宜居特征。招宝山是镇海的重要标识,也是国家4A级景区,坐落于基地北侧,是宁波市集自然风光、人文景观、宗教文化于一体的综合性游览区,也是镇海口海防遗址的重要组成部分。

(2)用地现状和土地权属

现状用地的使用情况中,企事业单位和生产性用地占地较大,约占总用地的40%。这些用地中,一部分行政办公未来有可能迁入新城,能够腾挪出一小部分空间,但关键位置和一些较大的用地属于中交集团和宁波港集团,近期搬迁的可能性不大。其次,是生活性用地,主要是居住和配套商业及其他设施,大约占总用地

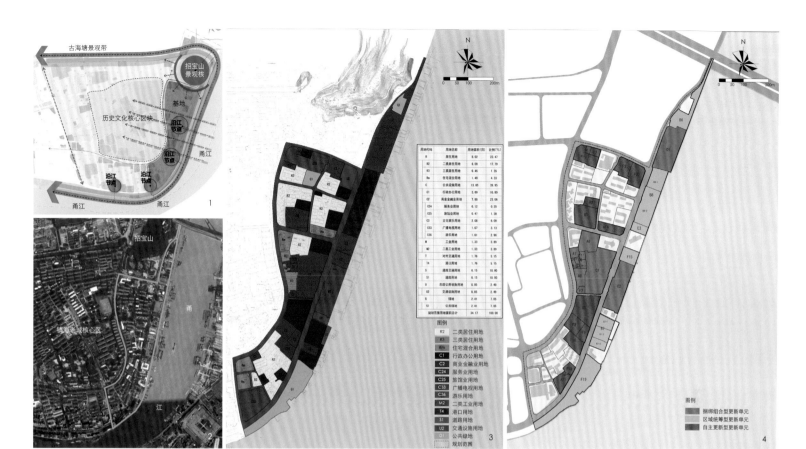

的30%，大部分为90年代后建设，质量尚可。

（3）建筑与整体环境

建筑层面，整体以多层建筑为主，除海关大楼具有一定建筑学和历史文化价值外，其他建筑特点虽不突出，但整体建设年代比较接近，在尺度、材料、色彩上较为协调，和老城区的建筑肌理也比较契合。局部有些工业厂房建筑质量较差，但并不突兀。

环境层面，虽然整体建成环境历时多年，但维护得当，不显陈旧。街道空间尺度宜人，植被覆盖较好，生活气息恰到好处。遗憾在于，滨江空间被占据较多，隔断了甬江—招宝山—老城三个城市核心价值要素的关系。

（4）整体判断

总体而言，项目更新的意图和空间导向都比较明朗，即在基地内实现江—山—城之间的互动，使城市的公共环境价值最大化，带动土地的增值，形成更新动力。而产权和建筑的摸底更让人确信，大拆大建的模式在此既无意义也毫无可能性，微更新则更为现实。

二、城市更新的导向与模式

对于这种城市的重要地段更新，虽然城市更新的目标鲜明，动机足够，但城市更新的主体和功能定位却并不明确。上文已提及无论从政府还是从市场都缺乏足够的力量进行一蹴而就的大投入，而是要做好长期的不断的渐进式更新的准备。因此，规划的编制核心目标在于确立一种"城市更新的空间框架"。

空间框架是根据周边要素、用地条件、城市设计要求综合确定的一个空间发展结构性骨架，是空间发展的底线和稳定性架构，不依附于功能的变化而发生重大调整。不同大小的城市更新单元依附于空间框架发展，在适当时间由不同的城市更新主体付诸实施，在一定时间内逐步地实现地段更新的总体目标。

在这个项目中，这个"城市更新的空间框架"被定义为整体的城市公共开放空间架构。通过公共空间的整合，联系老城、甬江和招宝山三个要素，形成空间骨架。同时发掘骨架上的活力激发点，培育城市更新的触媒，通过以点串线、以线带面盘活整体空间。

三、更新策略的选择

1. 空间骨架的建构

由于基地周边的要素分布于北（招宝山）、西

（镇海老城）、东（甬江）三个面，空间框架制定的核心在于串联城市核心要素，形成网络化的空间结构，以最大化地激发基地活力并延伸至更大的城市腹地空间。因此，核心的空间策略制定为打造一条"通东西、延南北"的"金廊玉带"。

"金廊"的塑造可以依托现状城市支路，打通基地内部南北的空间关键性节点，在街区内部构建招宝山的视廊，同时形成开放式街区。"玉带"则是对甬江沿线的用地进行改造，使之承载更多的城市活动功能，并赋予海上丝绸之路的主题。东西方向通过绿廊进行向腹地空间的连接，和老城的关键性空间节点整合起来。

2. 滨水开放空间营造

滨水地区的改造更新重点一方面在于系统，即开放空间的结构性关联。另一方面在于利用现状的场地资源和地籍情况，分割更新单元，使之可以成为一个一个的"项目包"，这样可以使每一个更新单元有更新的重点，通过一系列的项目能够实施落地并形成整体。根据用地的资源禀赋，在滨水地段划分了五个更新单元，以"海上丝绸之路"为主题，分别进行项目包的策划。

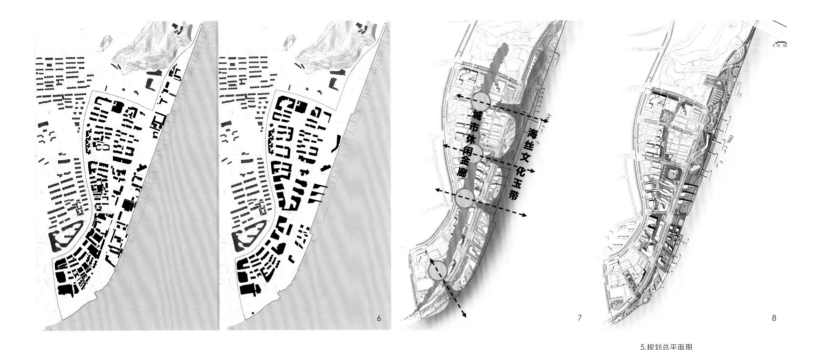

5.规划总平面图
6.现状城市肌理和规划城市肌理的比较分析
7.规划结构图
8.开放空间系统图

（1）镇海源

海防文化是镇海文化的重要特征。招宝山是海防文化的发源地。安远炮台所在地是海防文化与海丝文化的交叉点，集中体现镇海文化源头的高地，承载海丝文化记忆，演绎历史海上传奇。

（2）明州第一码头

在现镇海客运站的位置，重建"明州第一码头"，作为旅游观光码头。结合招宝山客运站，形成招宝山公园周边的旅游集散中心。结合旅游轮渡码头，设置旅游服务中心、水上餐厅、海上垂钓、渔村排挡等功能。

（3）海上浮岛

以漂浮在水面上游泳池、餐饮、娱乐设施为主要功能。夏季利用人造沙滩，人工水池形成漂浮在水面上的综合娱乐设施，解决甬江水质不能戏水之憾。冬季将水抽干，利用泳池地面坡度，并增加临时设施，形成大型旱冰场、滑板场等运动基地，增加城区户外运动设施。

（4）丝语酒吧

位于休闲港湾外的滨水地块，延伸休闲特色，充分利用滨水的优良景观资源，打造时尚酒吧，构筑以酒吧、咖啡为特征的功能集群，打造滨水休闲功能亮点。

（5）丝路绿洲

结合现状已部分建成的开放空间，加入新的元素，打造滨水绿化休闲节点，同时成为南大街向滨水带延续的重要休闲空间。

3. 开放式街区重塑

镇海老城内的街区尺度整体上比较舒适，城市的建筑肌理细密而均质，十分适宜步行。基地内街区的尺度在2~5hm²，较大的地块中间地籍交错处有一些巷弄间隔。但北侧街区由于管理方便，十字形的街道被封闭，仅有部分路段和城市畅通。

对于基地内部的板块，我们主要的更新策略在于开放式街区的重塑。因为基地本身具有小街区的基础，更新的要点在于拓宽一些巷弄，联系老城核心和滨江地段。另一方面南北向形成轴线，能够将较大的用地切分为更小的2hm²左右的更新单元，有利于更多元的主体参与城市更新，在基地内部，规划保留了大部分地块，重点安排了三个更新单元。

（1）休闲港湾

以商业休闲、公寓为主要功能。利用港务局原有办公建筑进行改造，并结合新建高层建筑形成滨江地标。院落式布局强调商住混合功能的半公共半私密性，同时使滨江绿化向院落内部渗透。

（2）商业邻里

邻里的概念强化商业和社区的关联，空间与老城的协调。中小尺度的商业建筑契合老城的肌理，营造一种轻松惬意的休闲氛围。公共空间强化了滨水空间向基地内部的渗透，同时在内部形成广场空间。

（3）活力街区

规划通过局部的拆建，形成住区内部的步行街区，打通招宝山公园和南侧商业之间的联系。同时，

沿街设置一、二层的商铺，形成优雅、时尚的休闲商业类型，构筑"精致"的社区生活中心。

四、规划实施计划

1. 投入产出估算

城市更新项目与新城规划项目的很大差别在实施的难度，由于土地零散分布于各个业主之间，使得政府在其间并不起到主导作用，而是转化为引领和协调的职能。新城的开发由于土地的供应成本较低而较易获得实施，相反城市某一地段的更新，往往涉及复杂的土地权属和高昂的土地交易转化成本，在缺乏足够的城市化动力和建筑容量前提下，各方介入的可能性则明显降低。

沿江地段的位置重要，并且要提供大量的开放空间供给城市，从城市设计的角度并不适宜做高容量的开发。通过投入产出估算，沿江地段整体打包更新无法实现自身的投资平衡。因此，采用不同模式下的"微更新"是更新实施的基本保证。

2. 更新计划

根据地籍的情况和更新空间框架规划将更新单元划分为三种捆绑式组合型单元、区域统筹型单元和PPP更新型单元三种模式。

（1）捆绑式组合单元的更新

主要是在基地内有可能实现盈利的更新单元，但需要"肥瘦搭配"的捆绑式土地组合，或一定程度

的地权重组，本项目中具体是中交集团和宁波港集团的用地。中交集团在基地内有三处用地，其中一处用地中有炮台遗址，规划建议完整的作为公共绿地，另外两处用地规划给予了一定容积率作为补偿，使得三块地整体更新有一定可能性。

（2）区域统筹单元的更新

部分沿江用地属于独立业主，但一定需要作为城市绿地使用，需要政府从更大区域内实现土地的统筹或者货币补偿，如沿江段的边防检查站和海关用地。

（3）PPP模式单元的更新

其他的零散用地的更新，可以结合不同小微更新单元的属性特征，除政府和开发商外引入社区自组织、社会团体、权属单位、原住民等，不同的改造主体在规划引导下选择契合自身诉求同时又符合地段更新要求的改造方式。

五、结语

本文试图解决在有更新诉求但不明确更新主体、更新方向的前提下，城市更新规划该如何编制的问题。规划的核心策略在于制定可以拓展的稳定的空间更新框架，围绕产权和空间框架设计更新单元和策划项目包，以微更新为手段实现在长时间大空间跨度上整体性更新。由于撰写此文时项目仍未能实施，未免有些遗憾，这种规划手段是否更有益于实施没能得到检验，但希望能够对同类型一般地段的城市更新规划的编制起到启发和借鉴作用。

作者简介

翁晓龙，上海同济城市规划设计研究院、主任规划师，国家注册规划师。

表1　　　　　　　　　　　　　　　投入产出估算

	顶次	数量（万m²）	单价（万元/万m²）	汇总（万元）	备注
支出	土地回置	10.3	—	63 476	
	居住	1.95	12 000	23 400	按拆迁建筑面积计算 1.2万~1.3万元/m²
其中	公建	3.7	7 000	25 900	需要评估，约7 000~8 000元/m²
	工业仓储	土地：7.6 建筑：465	土地：1 180 建筑：1 120	14 176	土地：513×2.3元/m² 建筑：800×1.4元/m²
	道路建设	0.15	450	67.5	不含市政管线，增加一段支路
	公共绿地	9.46	200	1 892	
	社会停车场	0.4	400	160	
支出合计				65 596	
收入	商业	8.53	3 000	25 590	
	住宅	4.47	4 000	17 880	
收入合计				43 470	

9.空间效果图
10-11.城市更新经济技术指标测算图
12.城市更新项目包策划图
13.城市更新项目包策划图

	数值	单位
总用地面积	34.17	hm²
总建筑面积	29.7	万m²
其中 保留	19.4	万m²
其中 拆迁	10.3	万m²
总容积率	0.87	

图例
■ 保留建筑
■ 拆除建筑
10

	数值	单位
总用地面积	34.17	hm²
总建筑面积	32.4	万m²
其中 保留	19.4	万m²
其中 新建	13.0	万m²
总容积率	0.95	

图例
■ 保留建筑
■ 新建建筑
11

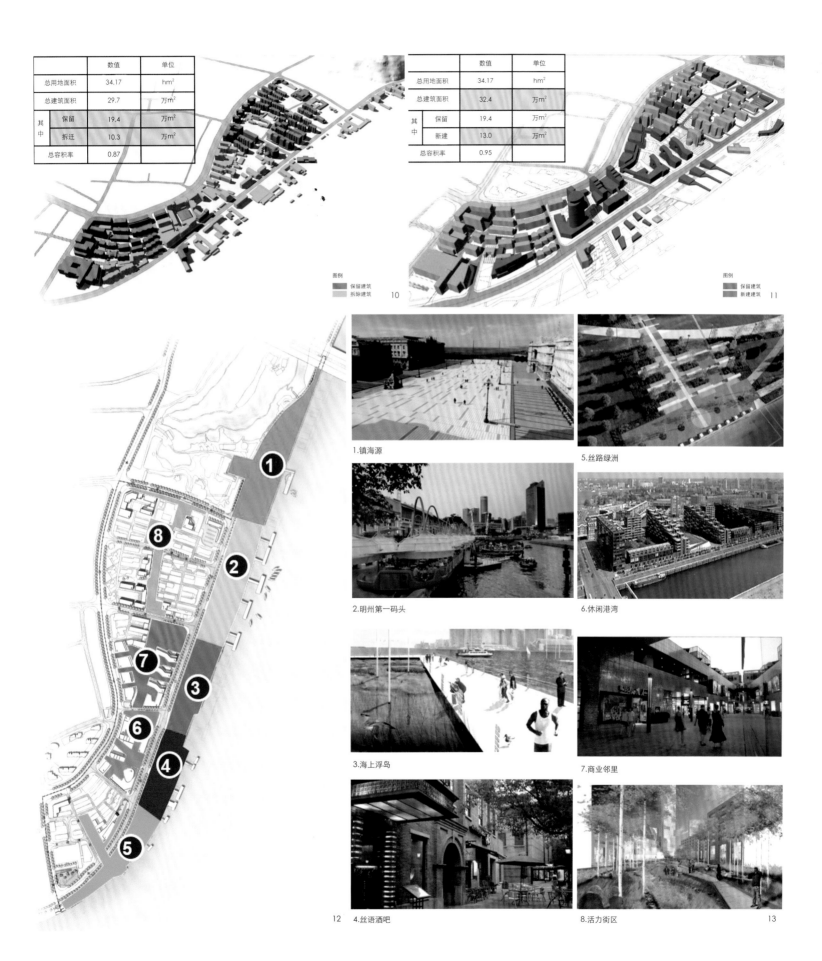

12

1.镇海源

2.明州第一码头

3.海上浮岛

4.丝语酒吧

5.丝路绿洲

6.休闲港湾

7.商业邻里

8.活力街区

13

河道景观及城市公共空间微更新探索与策略
——以深圳龙岗河龙城广场段为例

Exploration and Strategy of Micro - Renewal of River Landscape and Urban Public Space
—Taking Longcheng Square section of Longgang River in Shenzhen as an Example

谢玉昆
Xie Yukun

[摘　要]　龙岗河龙城广场地区为龙岗中心城的核心区域，目前规划区大部分区域为现状建成区，规划区现状总建设量396.62万㎡。龙岗中心目前已经进入"二次开发"阶段。未来龙岗中心将对新老西村、圳埔岭村、向前村、龙腾工业区等地区进行改造，以及正在进行的"三馆一城"、龙城广场南改造等项目，将彻底改变龙岗中心城的现状功能以及城市面貌。龙岗河作为各新建项目、改造项目的联系纽带，对打造宜居、宜业、乐活的龙岗中心片区具有重要作用，为打造健康、活力多彩的城市中心生活提供了微更新样本。

[关键词]　龙岗河；河道景观；公共空间；微更新；滨水城区

[Abstract]　Longgang Square Longcheng Square is the core area of Longgang Center City Area. At present, most of the planned area is built-up area, with the total construction volume of 3.9626 million square meters in the planned area. Now Longgang Center has entered the "second development" stage. In the future, Longgang Center will transform old and new West Village, Qinpu Village, Xiangqian Village and Longteng Industrial Park, as well as the ongoing "Three Museums and One City" and the reconstruction of Longcheng Square. The project will completely change the city's status quo features and the city's appearance of Longgang central areas. Longgang River, as the link between the new projects and the reconstruction projects, plays an important role in creating the Longgang Central Area suitable for livable, suitable industry and live music, providing a micro-updated sample for building a healthy, vibrant and colorful urban center.

[Keywords]　Longgang River; River Landscape; Public Space; Micro Update; Waterfront Urban Space

[文章编号]　2018-79-A-058

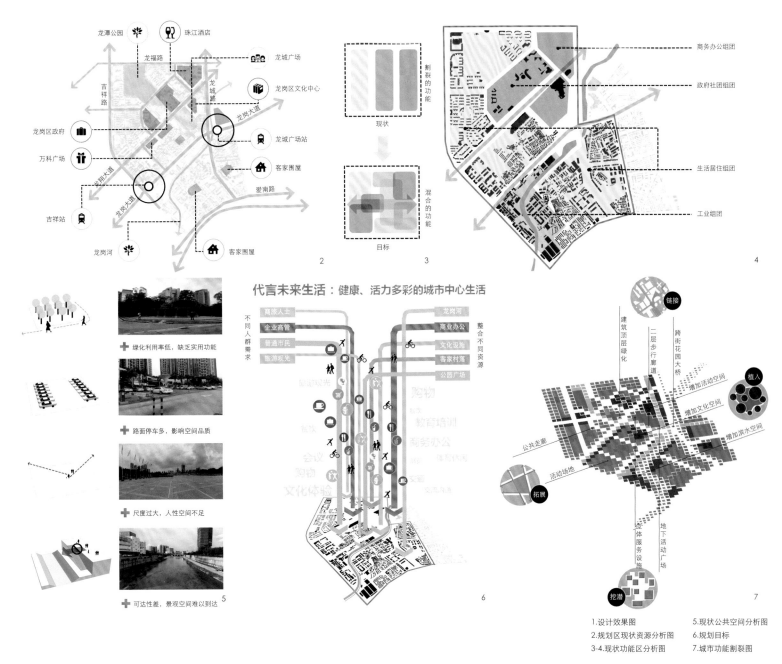

2

3

4

5

6

7

1.设计效果图 5.现状公共空间分析图
2.规划区现状资源分析图 6.规划目标
3-4.现状功能区分析图 7.城市功能割裂图

一、项目特质

规划区是龙岗中心资源最为集中的地区，区内有龙岗文化中心、龙城广场、大型商业中心、酒店等公共设施；同时龙岗河、龙潭公园为片区提供了良好的景观环境；更有代表地区文化的客家传统村落，为地区功能、文化、景观的多样性提供了良好的基础。

（1）割裂的城市功能

中心核心商务、文化、活动功能不足，卧城特征明显。现状功能被主要道路和河道分隔，功能间缺乏互动。

（2）公共空间零散

龙岗河沿线景观空间未统筹规划，环境品质不高，河道空间利用率不足。

（3）交通组织混乱

河道及主要林荫道慢行系统和静态交通系统缺失。

二、设计定位与策略

22年来，龙岗是深圳经济特区的一部分，取得经济成就的同时，忽略了人的多样化需求，这导致城市缺乏吸引力。现今龙岗中心区保留了不同历史阶段的空间构成，但它不只是CAZ，应该是具备绿色、活力、多维、动力四个特征的中心区，囊括市民从白天到夜间的多样活动需求，我们称为四维-城市生活体，打造健康活力的城市中心生活，生态绿色的滨水城区环境。

1. 链接·整合周边资源

中心区及周边的资源包括四类，即生态公园类、公共广场类、历史遗迹类、水景资源类，四者独立、分散，与公共交通联系不足，缺乏合理的空间组织。

2. 植入·创造附加价值

中心区由于发展思路、发展阶段和城市财政投入的不同，中心区的建设在功能配置、建设标准和服务水平等方面低于原特区内的其他中心区，中心区以居住功能为主，公共活动空间单调，城市特征不足。

城市填充指的是对建成区内土地的进一步开发，它关注于对废弃的或是没有充分利用的建筑和土地的再利用和再布局：

（1）利用填充概念优化用地功能布局。

（2）在公园、广场、滨水区域在保留主体功能基础上，置入新的功能，以临时构筑物为形式，增加中心区的使用功能，创造土地附加价值，使其不再是一个城市孤岛。

3. 挖潜·土地增值

中心区场地类型由四种构成：水域、滨水岸线、绿地和一般城市用地，四者构成中心区的活动空间。

抬高核心区的场地标高，依据交通和功能需求，挖取部分空间，打造丰富的市民活动区域：

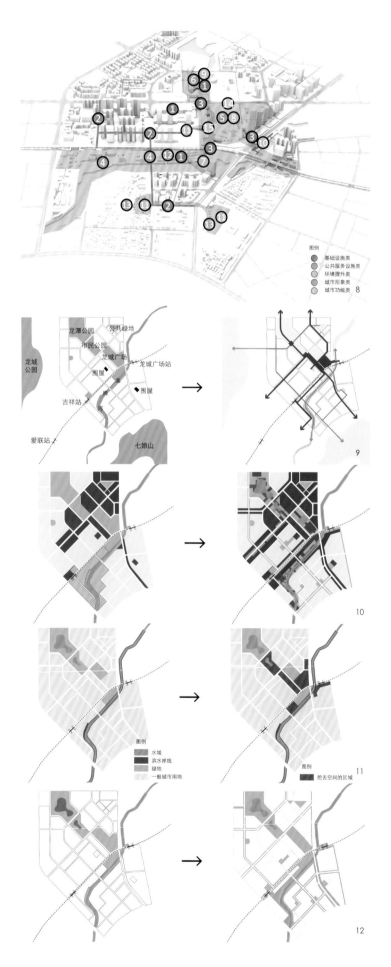

（1）抬高标高的场地可植入多种公共服务设施。
（2）挖取部分空间的场地合理的设计大地景观系统，及立体、便捷的交通系统。

4. 拓展·空间拓展

中心区现状的公共空间体系粗放、单调，由龙岗河和中轴系列景观构成，缺乏融入城市内部的街道、街头绿地和景观廊道。

中心区尊重现有景观系统，对其予以最大限度的保留及利用。通过拓展空间，并重新定义公共空间利用方式，建立区域的公共空间系统，与周边地块联系的同时注入新的文化、活动功能，使公共空间成为该区域的最大的亮点。

三、规划特色与创新

1. 生长型的三栖海绵城市

规划根据龙岗河东西向流动的特点，串联绿地、零散水域构建可生长的"城市腹地—绿地—水体"的龙岗中心区三栖海绵城市体系。

（1）增加利用河道、水体、湿地等天生丽质的原生海绵体结构，构建龙岗中心区海绵城市自然基底。

（2）沿水体—城市分别设计雨水花园、缓冲带、绿色街道等半人工生态基础设施，完成海绵基质。

（3）形成又水体到陆地渐进式的提升防洪、由陆到水渐进式跌落过滤的海绵结构。

2. 可循环型的景观水环境

（1）人工湿地：采用先进的人工模拟和强化技术，构建自然界的水体生态系统，通过分布于水面、水中和水底的不同属性的植物，构建一座立体的"水下森林"。

（2）雨水收集：采用低冲击技术，包括可渗透地面、储水系统等形成雨水收集系统。

3. 人文互动型的滨水客家围屋

尊重地域文化，结合河道景观及地形条件，塑造微场景活动空间。

四、规划实施建议

根据本次规划规划将未来工作进行分解，划分城市形象提升、景观改善、基础设施、公共服务设施等不同项目类型，制定具体的建设项目库，明确建设项目是否包含河道蓝线、开敞空间、城市更新等地区，从而更好地指引控制龙岗河龙城广场段河道合理的利用，通过河道景观及城市功能微更新，形成生态绿色的滨水城区环境。

作者简介

谢玉昆，深圳市新城市规划建筑设计股份有限公司。

微更新背景下的生活性街道改造设计探讨
——以厦门市营平片区开元路为例

Life Street Reform Design in the Background of Micro-Regeneration
—A Case Study of Kaiyuan Street in Yingping Area of Xiamen

鲍沁雨　肖　铭
Bao Qinyu　Xiao Ming

[摘　要]　随着城市进入存量发展模式，传统更新手法弊端逐渐暴露，城市有机更新逐渐成为城市发展的主要模式。对更新方式的重新审视，让我们开始把目光逐步由"建成空间"转向"社会空间"。而生活性街道是最集聚居民公共生活的社会空间，是保持社会网络完整、历史文化传承、社会结构与秩序稳定的重要平台。本文以厦门市老城区中典型的生活性街道开元路为例，引入微更新理念，以街道居民的日常活动为切入点，洞察社区现状邻里交往模式，探讨如何通过创新式的公共座椅设计，改善街道空间环境品质，提升街道居民的认同感和归属感，重构当下社区邻里关系，希望改造后的开元路能够容纳更多的公共活动，成为一条社区群体联系紧密，具有包容性、参与性的邻里街道。

[关键词]　微更新；日常活动；生活性街道

[Abstract]　As the city into stock development mode, the traditional disadvantages update technique gradually exposed, urban organic update has gradually become the main mode of city development. With respect to the manner of updates to review, let's start looking gradually from the "built space" to "social space". And life street residents is the accumulation of social public life space, is to keep social network complete, historical and cultural tradition, social structure and order stable important platform. Street typical sex life in the old town in xiamen kaiyuan road as an example, introducing the micro updating concept, daily activities on the streets as the breakthrough point, insight into present situation of community neighborhood truck model, discusses how to through the innovation of public chair design, improving the quality of street space environment, improve street residents identity and belonging, reconstructing the present community neighborhood relationship, hope after transforming kaiyuan road can hold more public activities, become a closely linked to community groups, inclusive and participatory neighborhood streets.

[Keywords]　micro-megeneration; daily activities; life street

[文章编号]　2018-79-A-062

1.营平区位图
2.开元路区位图
3.开元路现状要素分析图

一、引言

城市更新是城市诞生之初就已存在的内在调节机制，是伴随着城市自我进化和不断生长的过程。自改革开放以来，我国城市化进程大大加速，随之而来的是大规模地推倒重建，而物质空间快速更新的背后带来的却是文化心理的失衡、社会网络的断裂、原有稳定的社会结构与秩序受到威胁。随着城市进入存量发展模式，城市有机更新逐渐成为城市发展的主要模式，而"微更新"理念更是用"中式针灸"的新手法，倡导在以保护城市文脉特色、邻里关系为前提的基础上，针对城市病症，从微观尺度介入进行空间调整，以点触媒，激发城市活力。

对更新方式的重新审视，让我们开始把目光逐步由"建成空间"转向"社会空间"，而生活性街道是最集聚居民公共生活的社会空间，是保持社会网络完整、历史文化传承、社会结构与秩序稳定的重要平台，更是微更新实施的重要舞台。

虽然"生活性街道"在目前规划领域尚没有明确定义，但部分学者依据相关研究作出了一定解释，如对生活街道的定义是"主要包括：城市旧城区内传统街区、城市小区及住区级道路、城市商业步行街（区）、城市滨江（湖、海）街道、城市水巷、城市综合步行体""是指在居住社区中长期具有人气的街道或街道段落，它不仅仅是交通通行的通道，更是居民们不可或缺的日常公共生活空间"，从定义中我们不难发现，当前学者对街道更新的关注已由物质层面逐步向社会层面过渡。

基于上述背景，本次研究选取厦门市老城区中典型的生活性街道开元路作为研究对象进行街道更新探讨。开元路位于厦门市营平社区，街道上随处可见喝茶聊天的老人、玩笑嬉戏的孩童、赤膊小聚的壮汉、买菜归来的大妈……然而在活灵活现的市井之气背后潜伏着阻碍社区关系发展的不利因素——社区互动的缺失，不同群体安于自己的小交际圈，而没有共同的互动交往平台，正如海老师所说"社会生活没有互动就没有生活，就没有彼此的欣赏，没有人性的成长，没有成就感和存在感"，因而本文以街道居民的日常活动为切入点，洞察社区现状邻里交往模式，探讨如何通过创新式的公共座椅设计，改善街道空间环境品质，提升街道居民的认同感和归属感，重构当下社区邻里关系，希望改造后的开元路能够容纳更多的公共活动，成为一条社区群体联系紧密，具有包容性、参与性的邻里街道。

二、微更新理念

微更新是以最小的动静对抗城市衰朽的方式，是以保护为前提的更新手法。支文军教授在《时代建筑》中对其这样描述："伴随中国不断变化的城市更新状态，我们也从对大规模城市更新和历史街区更新中的问题讨论，转向那些更为日常的建筑更新上，这些更新以适应新的日常生活与工作的需求为导向，是对一系列片段化的城市建成环境和既有建筑的调整形微更新。"微更新理念最早被运用在建筑的更新上，而后开始逐步向社区乃至城市层面蔓延。面对日益复杂的城市更新问题，微更新理念无疑是应对未来社区及生活性街道改造的一剂良方。

三、设计目标

在微更新的背景下，本文将视角转向街道中居民的日常生活，根据于海老师的"空间互动逻辑"主张，结合开元路现状邻里交往存在活动冲突、缺乏互动等不利因素，本文确定以下两点主要目标：

（1）包容的街道空间——公共空间："空间必须是包容的，不排斥什么人，这才是一个能够发展公

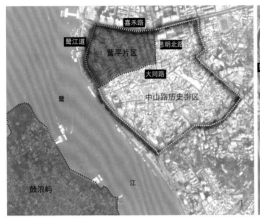

共精神的公共空间。"

　　（2）参与的街道空间——行动空间："空间必须是参与性，只有参与并伴随承担责任，才能发展出主动能力。"

　　本文将就开元路现状街道人群交往模式及活动特征，探讨如何在保护传统生活方式的前提下，整理现有街道空间，针对不同活动的冲突点，寻求削弱空间排斥的方法。思考如何编织街道的共同媒介，使不同人群拥有共性纽带。通过社区培育及合理引导，使人们愿意走出现状的小交际圈，参与到社区的共同活动中来，提升社区整体凝聚力及居民的认同感与归属感。

四、开元路现状概况

1. 历史沿革

　　厦门位于我国东南沿海，是福建省第二大城市，也是我国重要的港口之一。营平片区位于厦门市思明区，濒临鹭江，与鼓浪屿隔海相望，东至思明北路，西至鹭江道，南至大同路，北至厦禾路，是厦门旧城中历史最悠久的片区之一，有着深厚的历史文化底蕴。

　　开元路地处营平老城区，衔接着鹭江道与厦禾路，是厦门第一条近现代化的市政道路，具有"开创先河"的历史意义。1920年，为拉动城市经济发展，厦门市着手从人口最拥挤、码头最密集、商业最繁华的地区招工修路，至1924年8月1日（民国13年），一条由鹭江"提督码头"通往浮屿角的新马路正式竣工，路面可通行人力车，当年若是能骑着自行车在这条马路上通过，对老厦门人来说，是一件无比风光的事。

　　开元路的修通意味着厦门成功地完成了一次海与港的对话，进出厦门的货物通过鹭江码头和通往腹地的筼筜码头串在一起，一条开元路把两个最繁忙的水路商圈连接在了一起。据当地老人回忆，曾经的开元路什么都有，粮店、布行、首饰店……一应俱全，居民的日常所需基本可以在这一条街上得到满足，是

当时厦门最为繁华的地段。

2. 街道特征

　　历经90余载的风风雨雨，开元路至今仍保存着传统的街巷肌理、生活方式实属不易，这不仅体现出街道强烈的内在活力与适应性，更让开元路成为城市文化传承的重要载体。而开元路围廊式的骑楼街道及迎面而来的老厦门市井生活氛围则直接构成了街区的鲜明意向。

　　（1）柱廊——公共生活的孵化器

　　开元路全长782m，路面宽9.2m，人行道宽2.4m。开元路两侧是统一的列柱式的骑楼建筑，仿照欧陆建筑南洋化的外廊式结构，立面相接，柱廊相连。柱廊内形成了街市的公共走廊，在厦门暑热、多雨的气候条件下，晴天可以遮阳，雨天可以挡雨，台风天还可以避风，营造了方便舒适的空间环境。

　　由于柱廊空间得天独厚的条件，这里也逐渐演变成居民小尺度的交往空间，购物、打牌、喝茶、闲坐、小孩游戏……各种活动流动于柱廊间，构成了一幅繁盛的街市景象。

　　（2）丰富的居民日常生活——浓郁的市井之气

　　开元路与同在中山路历史街区内的中山路、大同路相比，具有自身鲜明的生活性特征。

　　从街道活动进行对比，开元路的街道活动主要有儿童游戏、喝茶闲聊、打牌、聚餐等；而中山路主要以逛街购物为主，开元路活动主体大部分为本地居民，而中山路则以外来游客为主。

　　究其原因，根据调研发现，开元路两侧土地使用情况大部分仍为上宅下店的形式，居住人口占了街道人群很大的比例，而中山路大部分房屋被收购，很多房屋整栋全部作为商业用途开发使用。因而开元路活动主体多为当地居民，活动内容也更加多样，富于生活化。相较于中山路浓厚的商业气息，开元路更展现了老厦门的传统风范。

3. 居民活动分析

　　列斐伏尔的"社会文本说"认为城市大街最好地表达了居民的日常生活，阅读大街就可以找到城市居民的日常生活问题。因而本文从街道中的日常活动入手，探寻街道问题。

　　街道活动来源于使用街道的各类群体，现状开元路街道群体主要分为三类：街道周边社区居民、街道周边商店主和就业人群、街道中的外来游客或过路人。本文此仅以街道周边社区居民的行为活动作为主要研究对象，探寻日常活动特征及对街道产生的影响。

　　针对开元路现状的居民活动我们展开了调研，为了方便活动统计，本文现将柱廊空间划分为：店前空间、步行空间及柱间距空间。

　　（1）活动类型

　　现状开元路街道居民活动主要可以概括为喝茶、儿童打手游、闲聊、打牌、喝酒聚餐、步行购物这几类，其中大部分活动都分布于店前及柱子间隙空间，但仍有不少团状活动，如打牌、聚餐，占据了柱廊步行空间（详见表1）。

　　（2）活动特征

　　根据活动类型的归纳，本文在此基础上总结出街道当前的三大活动特征——生活性、分散性、矛盾性。

　　①生活性——街区生活方式的展现

　　开元路街道内有喝茶闲聚、打牌唠嗑等老厦门人传统的生活方式，也有小孩联排坐在店门口联机打手游等新型生活模式，各类活动是街区生活的最好展现，传统与现代并存，共同构成老街区一道独特的风景线。

　　传统生活方式：街道内最为典型的传统生活方式莫过于骑楼柱廊内随处可见地喝着茶，吃着糕点，谈笑风生的三五人群，街头巷尾的市民茶文化早已成为厦门的一大标志，廊道内随处可见的品茶聊天的景象也是厦门历史文化的延续和厦门人热情好客的传统民风的体现。厦门是最早有我国海陆出口茶叶的重要港口，也是闽台茶叶贸易的集散地，得天独厚的地理

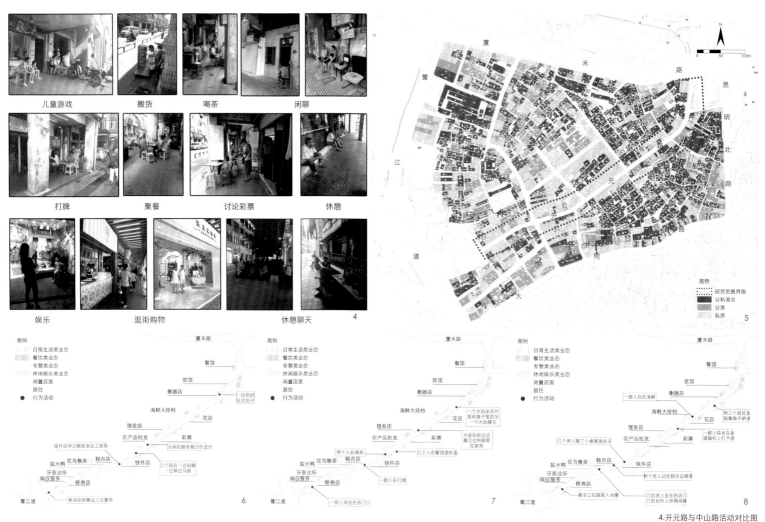

4. 开元路与中山路活动对比图
5. 开元路房屋产权图
6. 开元路上午活动统计图
7. 开元路下午活动统计图
8. 开元路晚间活动统计图

条件让厦门形成了品茗斗茶的习俗。"寒夜客来茶作酒""宁可百日无肉，不可一日无茶"……这些流传民间的诗歌俗语无不体现了茶早已成为厦门人极为普遍的生活习惯。随着茶文化的发展，市民的喝茶空间也由室内向室外延伸，当年许多经营者每到夜幕降临就会摆起简易茶摊招待乘凉和过往的游客；工厂、企业的工人们做完一天的工也会摆出茶摊，闲聊消遣。据开元路当地老人描述，开元路柱廊内的"茶桌文化"也是由当年附近工厂的工人带来的，骑楼柱廊阴凉通风、便于待客闲聊的舒适环境，让这里成为茶文化的繁衍地。茶桌茶凳本不在规划范围内，却因传统的风俗习惯在街巷里生根发芽，成为城市文化的延续、邻里交往的重要平台。

现代生活模式：每到临近傍晚，街道内不乏可见排成线型坐在店门口的儿童，他们或嬉笑打闹，或联机打手游，这是街道内最为常见的儿童娱乐方式。这些小孩多为街道一楼店家的子女，由于父母要照看生意，小孩们放学之后便在店铺门口就近活动，距离需

控制在父母的安全监视范围内，骑楼的柱廊便成了他们童年交往游戏的最便捷的小空间。

无论是传统的延续还是现代的新生，街道都已演化为居民生活的一部分，居民离不开街市，街市也早已扎根在日常百姓的市井生活之中。

②分散性——独立的小社交圈

现状开元路街道内虽然活动种类较多，但多为居民自发性活动，各个同质性的小群体分散在街道内，每个小群体内都是居民自己形成的熟人网络，是自发形成的独立小社交圈，不同的小群体构成了社区的大社会圈，但是由于社区缺乏一个共同交往的纽带，也没有引导居民共同参与、分享的社会性平台机制，使街道内的活动呈现出"分散"的特质，各个群体形成的小社会网之间实则缺乏交流。

③矛盾性——同一空间下的活动冲突

由于居民自身的需求，街道空间成为日常生活的延伸，而在有限的街道空间内，不同活动难免产生冲突，而矛盾主要来源于两个方面——公共空间私有

化行为及活动形态的影响。

公共空间私有化：由于街道的主要功能本为通行、购物，并未统一设置可容纳居民活动的公共性设施，居民活动主要的依附要素为自家携带的"小桌凳"。虽然居民自发性的交往活动为街道注入了一定的活力，但将公共空间私有化的行为侵犯了街道的公共性，一些乱摆乱放的私人凳更是对街道本身的步行、购物造成了一定的干扰，不仅不利于街区整体的空间环境品质，更易引起居民相互间的排斥心理，激发社区矛盾。

居民活动形态：居民活动形态受街道形态及活动性质影响，同样也会反作用于街道空间，整体活动形态呈现"线性"和"团状"两种（详见表2）。

a. 线性活动：由于街道为长条形带状，部分居民担心会影响到街道行人行走，会自觉排成线性，增大柱廊通行空间

b. 团状活动：有些活动，如打牌、喝茶等，线性形态难以满足交际需求，需要借助团状形态才可以完成，而店前和柱间空间有限，所以很多团状活动会占据

较宽敞的步行通道。而部分活动对步行空间的占据，使行人不得不绕路前行，影响了街道内正常的步行生活。在调研访谈中，也有居民反映非常不喜欢这种行为，不仅让街道显得杂乱，更是阻碍了正常街道的通行。

小尺度街道空间的高负荷利用让街道步行空间常常出现堵塞、脏乱的现象，同一空间下活动的冲突，不免引起社区居民心理上的相互排斥，若长此以往，不利于社区的包容性发展与和谐稳定。

4. 现状问题

（1）街道生活的两面性

生活性街道成为居民日常生活的容器相较于仅仅作为交通主导的通行空间无疑更增添了一份生机和活力，而小尺度街道内过高的活动负荷也会给社区带来排斥性。尊重本地居民现有的生活方式是本次研究的初衷，而降低活动冲突，提升社区的包容性也是本次设计的目的之一，如何协调好两者的关系将成为本次微更新设计的一大挑战。

（2）社区互动纽带的缺失

现状街道活动多为居民自发性活动，整个社区缺少可供居民共同参与、交往的社会性活动，而没有共同交往就没有社区生活，社区互动纽带的缺失不仅不利于邻里关系的发展，也阻碍了社区认同感和归属感的构建。

五、微更新设计

1. 设计构思

基于上述对开元路街道现状问题的分析及对微更新理念的理解，本次设计面临两大挑战——"如何在尊重街道居民现有生活方式的基础上降低活动冲突"以及"如何增强街道参与性，提升社区凝聚力"。而根据费孝通先生对社区一词的解释——社区包含"社"和"区"两个部分，"社"代表着社会交往，"区"代表着物质空间。因而本文针对生活性街道微更新提出空间性结合社会性的改造思路，以物质性载体承载社会性活动，所做的更新不仅是对物质空间的改造，更是对社区生活的思考。

2. 设计策略

（1）包容性的街道设计

①私有桌凳的公共替代

设计公共性座椅代替居民私有桌凳，提供街道公共容器以承载居民活动，将活动位置固定化，遏制了原有私人桌凳乱摆乱放的现象，减少街道活动冲突。

公共座椅布置位置：设计拟将公共座椅设置在

表1　　　　　　　　　　　　　开元路居民活动类型

具体活动	活动人群	活动形态	活动分布	依附要素
喝茶	中老年人	线性（2人）或团状（3人及以上）	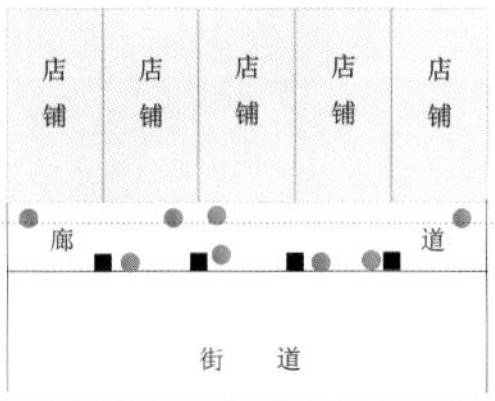	自带桌椅
打手游	儿童	线性（一般3~6人）	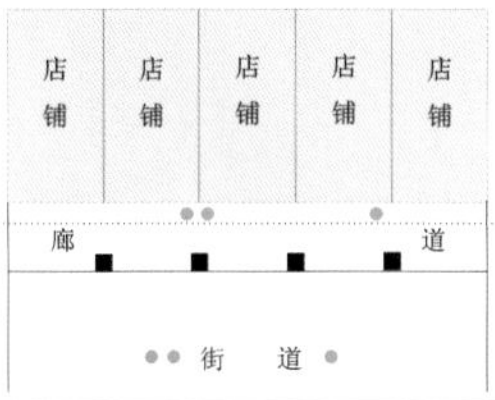	自带椅子或街道分隔栏
闲坐聊天	中老年人	线性（2人）或团状（3人及以上）	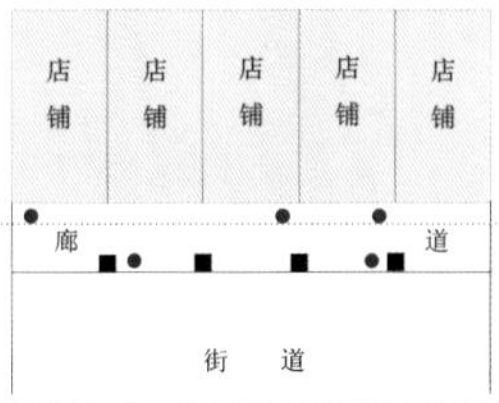	自带桌椅或街边台阶
打牌	中老年人	团状（3人及以上）	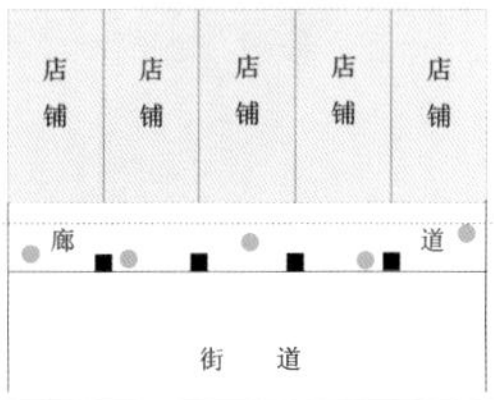	自带桌椅
喝酒聚餐	中青年男性居民居多	团状（一般3~6人）	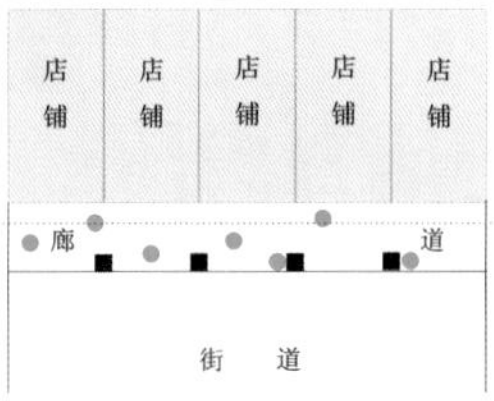	自带桌椅
步行购物	各类人群	线性	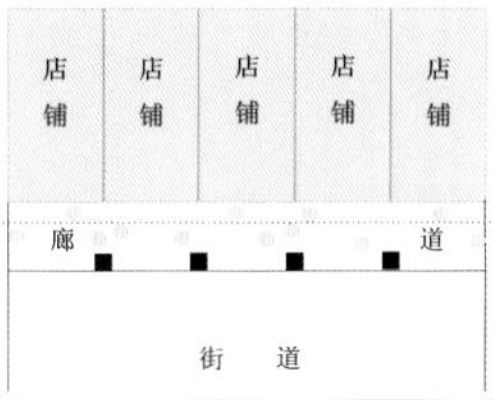	无

表2　　　　　　　　　　　活动形态分析

活动形态	实例	图示
线性活动		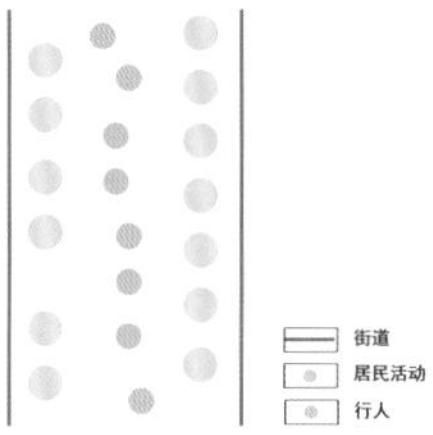
团状活动		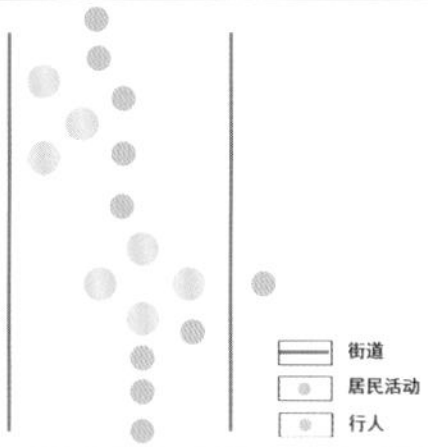

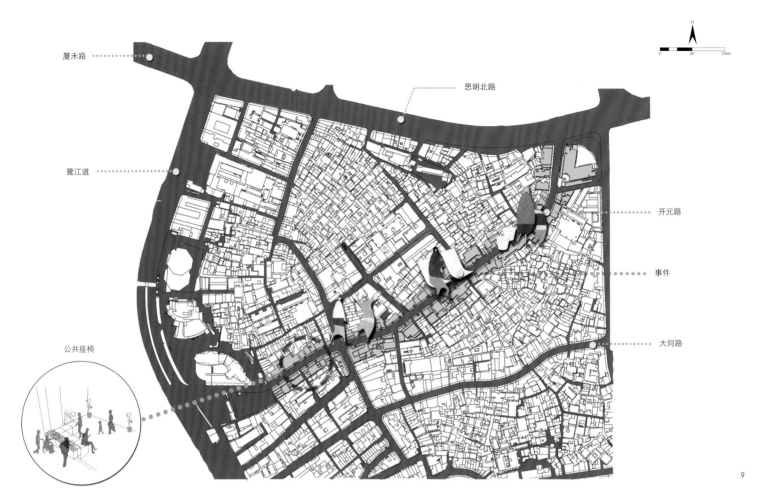

厦禾路

鹭江道

公共座椅

思明北路

开元路

事件

大同路

9

骑楼柱廊空间，主要依据如下：

a.柱廊空间是街道居民自发利用休憩喝茶的重要场所，设计尊重并延续本地居民日常习惯。

b.柱廊空间对街区通行、购物等基本功能影响较小。

②适应街道生活的座椅设计

公共座椅由方块组成，为了使座椅能更好地适应于现状街道居民生活，依据街道活动形态，座椅整体造型设计为"L"形，可用作"线性活动"，也可用作"点状活动"，并依据人体工程学指标及柱廊空间尺度（0.6m×4.5m），座椅高度设置为0.4m，整体长度1.6m，宽度1.2m。座椅内部同时可兼做储物功能，摆放居民日常茶具等生活用品。

（2）参与性的街道设计

①丰富街道公共生活的新活力

在尊重居民现有生活方式的同时，我们也为社区注入新活力。设计引入"植物认领篮"，鼓励居民认领方格，认领人需承包方格内的绿化种植工作。看似简单的认领工作却离不开人的专注和责任感，人们在整个培养过程中可以减缓身心压力，同时提升社区参与意识。设计同时设置"生活展示篮"为居民提供日常生活分享平台，展示篮内可分享认领人自己引以

为傲的物件，如小朋友自己折的一架纸飞机、大妈自己画的画、拍的照或是自己写的游记随笔等，以展示分享的方式促进居民间的相互了解与交流。

②空间性与社会性的结合设计

在建立"植物认领篮+生活展示篮"的物质性平台的基础之上，我们为社区策划了一系列社会性活动，通过共同参与社区活动增强居民的社会互动，邻里交往。

具体活动策划如下：

a.建立社区公众号，借助网络平台，进行社区活动的宣传与开展。

b.居民可进入公众号在线认领植物，不擅使用网络的居民也可线下认领。

c.居民在专业人员的帮助下承包认领植物的种植工作，并可在展示栏内分享自己的生活小物件。

d.社区定期组织评选或朋友圈集赞活动，对积极参与的居民发放小礼品并予以表彰。

e.除了上述日常活动，社区可定期开展特别活动，如：社区研习社——为居民科普各类植物、茶艺等生活小知识；植物手工DIY——引导居民用植物落叶拼贴树叶画、做纸花等手工活动；跳蚤市场——利用生活展示篮定期举办居民旧物义卖，变废为宝；百

宝箱——鼓励居民进行礼物交换或植物赠送等活动，活动全程由专业人员（如社区规划师、社工组织、社区志愿者等）辅助居民完成。通过特别活动的策划，丰富街道生活，提升居民的参与热情

（3）机制建立——提升居民参与热情

如何调动居民积极加入社区活动是上述策划能否完成的关键，本文希望通过社区社会性活动机制的建立调动居民的参与积极性。

①为居民进行知识普及，让居民了解相关活动对他们的帮助与意义，引导居民参与社区集体活动（如，植物培养可以有效缓解身心压力）。

②通过一系列的活动策划，丰富居民的社会性生活，促进居民间的互动交流。

③奖励机制：依据不同的活动设立奖励机制，社区为参与者发放小礼品并进行表彰。

通过"知识普及""活动策划""奖励机制"三者的结合进行社区活动的扶植，引导居民加入社区集体活动。

六、结语

针对街道更新研究，当前学者多关注于步行商

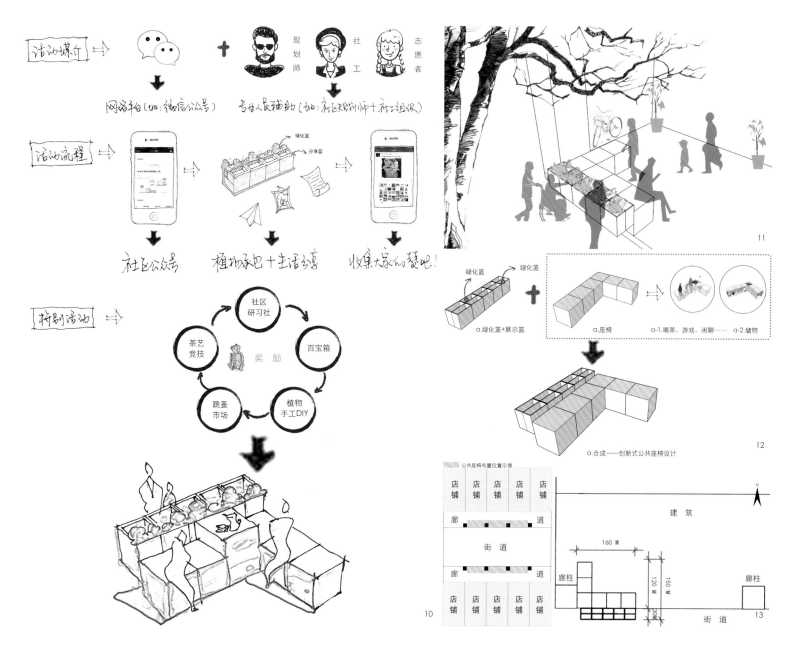

业街区、历史文化街区等领域，而对生活性街道关注较少，生活性街道是承载居民日常生活的重要容器，也是探寻居民生活问题的重要切入口，具有其自身特定的意义。本次微更新探索以厦门市典型的生活性街道开元路为研究对象，突破传统单纯的物质空间改造的局限性，在以保护本地居民日常生活方式的前提下，将"物质性"与"社会性"结合进行思考，利用物质性平台承载社会性活动，增强现有社区互动，丰富社区公共生活，提高街道的包容性与居民的社区参与意识，强化社区互动纽带，提升社区整体凝聚力。本次的微更新探索希望可以为未来城市街道更新设计提供新的视角及一定的参考意义。

参考文献

[1]冯卓箐.当下城市空间中的"侵街"现象研究——以南京为例[D].南京：东南大学，2015：24

[2]方榕.生活性街道的要素空间特征及设计方法[J].城市问题，2015（12）：47-51.

[3]于海.城市空间的更新逻辑——从增长机器到互动社区[J/OL].乡愁经济https://mp.weixin.qq.com/s?__biz=MzA4MjQ4NzlwMg==&mid=2742867830&idx=1&sn=1965475d8a1c2720bcf79b5bde75316a&chksm=b90c85bb8e7b0cadccfe50b5da856621700255bed254908dccfa9cb08bc60d6a2c97120ce678&mpshare=1&scene=23&srcid=0904Wfskn7CUuwX61bkfGLnr#rd

[4]支文军.城市微更新[J].时代建筑，2016（04）：0.

[5]高振碧.爱上老厦门[M].北京：电子工业出版社，2011：58.

[6]叶齐茂.批判、日常生活批判和阅读城市大街[J].国际城市规划，2015（06）：66.

作者简介

鲍沁雨，华侨大学建筑学院，硕士研究生；

肖铭，城市规划专业，博士，华侨大学建筑学院副教授。

9.总平面图
10.活动策划分解图
11-12.座椅设计效果图
13.座椅平面图

"政府+高校"的微更新实践
——四平空间"创生行动" 之苏家屯路

The Micro Update Practice of the Government and the University
—The Sujiatun Road of "Creating Action" in Siping Space

冯 凡 王艳景
Feng Fan Wang Yanjing

[摘　要]　2015年四平街道联合同济大学发起社区空间改造行动，对改造项目提供资金支持，与设计师、学生等创意设计力量合作，引导他们以微观的视角，大胆探索如何利用设计思维和主动设计作为驱动力，对阜新路、苏家屯路等街区环境的提升和微创意介入进行设计研究。本文以苏家屯改造更新项目为例，探索在对社区内老旧或利用率不高的剩余公共空间的更新实践，改善公共空间品质，塑造社区居民日常生活的共享空间。

[关键词]　苏家屯 家园 政府+高校微更新

[Abstract]　In 2015, Siping Street combined with Tongji University to launch a community space transformation operation to provide financial support for the renovation project, and cooperate with creative design forces such as designers and students to guide them to explore how to use design thinking and active design as driving force on the Fuxin road and Sujiatun road. The improvement of environment and the involvement of micro creativity make the design research. This paper, taking Sujiatun renovation and renewal project as an example, explores the renewal practice of the remaining public space of old or low utilization rate in the community, improving the quality of public space and shaping the shared space for the daily life of the community residents.

[Keywords]　Sujiatun home government + University micro update

[文章编号]　2018-79-A-068

1.周边环境分析图
2.家园项目logo
3.社区交际圈示意图
4.更新前效果模拟图
5-6.现状分析图

一、社区与社区营造

城市作为人类主观创造的产物，不仅是一个空间单元，更是一个具有社会、经济、文化、政治等各项要素相互交叠的复杂巨系统。作为城市组成要素之一的"社区"，作为介于社会与家庭治之间，更多体现居住生活品质的基本空间单位。

1. 美国的"社区设计"

社区发展源于19世纪末20世纪初的英、美、法等国开展的"睦邻运动"，目的是为培养居民的自治和互助精神。美国社会学家F·法林顿1915年在《社区发展：将小城镇建成更加适宜生活和经营的地方》一书中首次提出"社区发展"（Community Development）的概念。

美国作为一个移民城市，历史底蕴非常浅薄，需要利用其历史文化遗产来团结民众，因此对于保存历史遗迹、延续历史文脉，是城市建设首当其冲的第一原则。而美国的"社区设计"更是强调公众参与下的社区建设，解决仅靠政府力量和市场调节而难以解决的城市问题。1951年纽约曼哈顿区区长华格纳（Robert Wagner）首创社区规划议会（Community Planning Councils）提供社区参与的机制，1968年根据纽约市宪章将全市划分为62个社区地区（Community Districts），并设置社区理事会扮演都市计划委员会的咨询角色。1989年通过宪章的再次修订而制定统一土地使用审查程序（The Uniformed Land Use Review Procedure, ULURP），建立一套完整的开发审查程序与社区理事会对都市计划委员会审查事项表达意见、公听、投票流程以及提交推荐方案的标准流程，从此在制度上确立社区公众参与在城市规划决策体制中的必要途径。

美国的"社区设计"体现出强化民众的民主化动力，成为城市发展的动力，同时强化的城市设计的完整性与正当性，体现出城市发展的市民共同意识。

2. 日本的"社区总体营造"

20世纪60年代日本提出"社区总体营造"，日文是"まちづくり"，与美国的"社区设计"概念相近似，是是日本在二战以来快速经济发展而产生的社会反省力量的表现，是人们长居故土的根本力量，更是日本独特的一种城市治理模式。

日本的"社区总体营造"经历三个发展阶段。第一阶段为1970—1980年中期是蓬勃发展期，主要解决经济快速发展而导致的城市问题，以社区协议会或自治会负责推动，采用领袖代表制方式运作。第二阶段是1980年后期，提出利用相关法规制度配合社区问题的解决，出现多个成功案例与实践方法。第三个阶段是1995年后阪神、淡路大地震之后的社区重建，以及面临快速老龄化社会的出现，通过社区营造达成共治的理想。

日本社区营造专家宫崎清教授提出社区营造的"人、文、地、景、产"五个方面。具体而言，"人"是指以人为核心，满足居民的共同需求、人际关系与生活福祉，运用创意之道解决问题，是社区营造之魂。"文"是指社区共同历史文化之延续，艺文活动之经营以及终身学习等。通过了解社区中具有独特性历史与人文故事，借助策划与文艺活动等手段，展开具体行动。"地"是指地理环境的保育与特色发扬，在地性的延续。强调地方特质必须在营造过程中得到持续的维护与传承。"景"是指社区公共空间之营造、生活环境的永续经营、独特景观的创造，居民自力营造等。以上三点是社区营造之表象。而"产"作为社区营造之动力，是指地产业与经济活动的集体经营、地产的创发与行销等，"地产地用"是"社区营造"在产业层面的核心主张。

3. 中国台湾的"社区营造"

中国台湾"社区营造"的出现是受到日本"社区总体营造"理念的影响，于1994年由"文化建设委员会"正式提出，此后成为延续20年的台湾官方政策。

中国台湾的"社区营造"经历了两个阶段（详见表1）。第一阶段为1994—1999年，台湾各地通过文史工作室、团体及学术单位，推动"由下而上""自立自主""居民参与"及"永续发展"的社区营造运动。第二阶段为2000年至今，由社区居民根据社区发展需求而主动提出的发展计划，以及政府推动的"台湾健康社区六星计划"，强调透过结合社

区治安、环保生态、人文教育、社福医疗、产业发展构建永续的社区。

中国台湾的"社区营造"关注"文创、赋权、参与"三个方面，三者统一于居民素质的全面提升与社区的整体发展。"文创"涉及社区营造的永续性问题，提出"社区文化发展计划"，强调以文化艺术形式为切入点，激起居民自组意愿，进行社区建设与社区活动计划。"赋权"关乎社区营造的决策模式，从上到下的权利下放，以社区居民为主体，政府部门协助参与，采用"自下而上"调动地方与社区人员的积极性，提升底层人员的执行能力。"参与"涉及社区主体的改造，中国台湾"社区营造之父"陈其南提出社区营造不仅是营造一个新社区、一个新文化，更重要的是一个新"人"，作为社区真正的使用者才是最懂得社区生活的人，而只有他们参与进社区建设之中，才能真正营造出一个最美好的社区。

二、苏家屯路——"政府+高校"的微更新实践

2015年四平街道联合同济大学发起社区空间改造行动，对改造项目提供资金支持，与设计师、学生等创意设计力量合作，引导他们以微观的视角，大胆探索如何利用设计思维和主动设计作为驱动力，对阜新路、苏家屯路等街区环境的提升和微创意介入进行设计研究，在对社区内老旧或利用率不高的剩余公共空间与居民日常生活美学的建设中，改善公共空间品质，塑造社区居民日常生活的共享空间。其中，政府角色：合作者和支持者；高校角色：设计者和组织者；居民角色：使用者和参与者。

苏家屯路更新项目由此孕育而生，项目地点位于苏家屯。

1. 设计理念

家园——中国自古以家为重，向内对于美的追求比比皆是，四水归堂的合院式生活早已根深蒂固，从而使得人们常常忽视了对公共空间的营造。该设计的重点在于将内部居住空间进行抽象几何化并置于室外，从物用的角度是休憩，从而形成一个积极空间，使路人愿意在此片刻滞留休息，从而使

表1		1994—2012年中国台湾社区营造主要计划表		
时间	主办单位	计划名称	实施内容	
1994.12—2000	台湾"文建会"	辅导美化地方传统文化建筑空间计划	1.补助县、市政府美化传统文化建筑空间 2.办理各地传统建筑空间美化资料收集、记录、建档工作 3.办理经营管理人才培训，辅导已完成美化、经营管理规划、经验交流、观摩活动 4.辅导地方政府办理文化地景先期工作	
1995.07—2000	台湾"文建会"	充实乡镇展演设施计划	1.补助地方政府充实乡镇展演设施 2.补助已完成设置展演设施之乡镇办理经营管理及文艺活动推展 3.办理相关人才培育及推广工作	
1995.07—2001.06	台湾"文建会"	社区文化活动发展计划	1.进行社区总体营造及观摩活动 2.办理人才培育理念倡导工作及资料建立 3.补助县、市政府以县、市层级推动社区总体营造以及补助相关团体进行社区营造活动	
1996.07—2000	台湾"文建会"	辅助县市主题展示馆之设计及文物馆藏充实计划	1.辅导并补助各县市乡镇设立各类主题展示馆并充实馆藏 2.辅导各主题展示馆办理开馆、展示及推广活动 3.辅导各县市文化特色馆强化典藏及展览 4.办理主题展馆经营管理专业人才培训研习	
2000.11	台湾"行政院"	新点子创意设计	鼓励直辖市及县市政府，辅导辖下乡（镇、市、区）公所，结合民间公益团体及社区居民，研提"具有创意、自主及永续经营效益之社区总体营造计划"，试行进行参与规划，即有系统、总体性之推动计划	
2002.08	台湾"行政院"	新故乡社区营造计划	计划分为五大子计划，活化社区营造组织、社区营造资源整合、原住民新部落运动、新客家运动、医疗照顾服务社区化	
2005.02	台湾"行政院"	台湾健康社区六星计划	整合之前"新故乡社区营造"政策的范围和领域，以产业发展、社福医疗、社区治安、人文教育、环境景观、环保生态等六大面向，来建设健全且多元的社区	
2007.10	台湾"行政院"	新故乡社区营造第二期计划	延续新故乡社区营造成果，以"地方文化生活圈"区域发展的概念为出发，强化地方"自助互助"，促进社区生活与文化融合，激发在地认同情感、开创在地特色的文化观光内涵之目的	

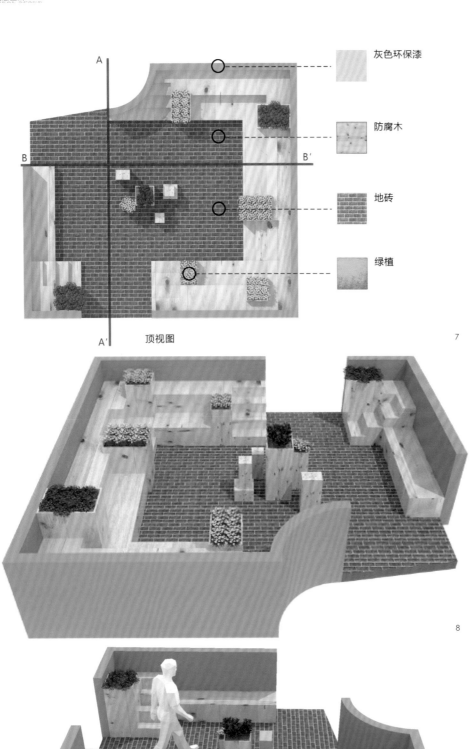

灰色环保漆

防腐木

地砖

绿植

顶视图

7

8

9

周围群众对街道公共空间形成家的认同感。

2. 现状分析

（1）聚集人群以老年人和儿童居多；（2）项目范围内缺少休息区域，为半围合空场；（3）周边绿植茂密，并且景色优美，较为僻静；（4）聚集人群当中老人常聚众赌博；（5）除绿植外颜色单一，视觉语言不明显；（6）项目所在地临近打虎山路第一小学、同济大学和同济设计创意学院。部分时间段成为学生及外籍设计师的必经之路；（7）周边群众休闲散步、锻炼的必经之地。

3. 设计思考

通过对室内家居环境进行分析，对家具抽象提炼整合后，作为一种家居符号元素放置在室外环境当中。以营造室外家居环境的代入感。作为一个积极空间，使得来往的行人在此可以歇脚滞留片刻，同时所营造的环境，能够使人们对这一区域产生强烈的认同感，作为自己家的一部分延伸进行爱护，使之成为我们的"家"园。

4. 更新效果

2015年11月施工正式开始，历经一个月的时间。更新后该设计以居家元素为形态符号进行抽象组合，重新构筑以形成一个具有"家"的园子，以增强使用者对于该区域的认同感，通过提炼概括，重组后的设施适合青少年在学校与家的往返过程中在此看书学习，同时也符合老年人外出活动后休憩场所，同样也适用于设计师、外籍工作人员在此进行方案商讨与各项交涉类工作。该设计能够全面设计到辐射范围内的各年龄段的使用者，以提供便利舒适的休闲休憩空间，从中体会到"家"的感觉。

主要参编人员

王艳景，江亮，李策

作者简介

冯　凡，上海蓝道建筑设计有限公司，设计总监；

王艳景，上海蓝道建筑设计有限公司，规划师。

7.元素构成
8-9.设计效果图
10.元素构成与布局
11-12.施工过程实景图
13-16.建成后实景图

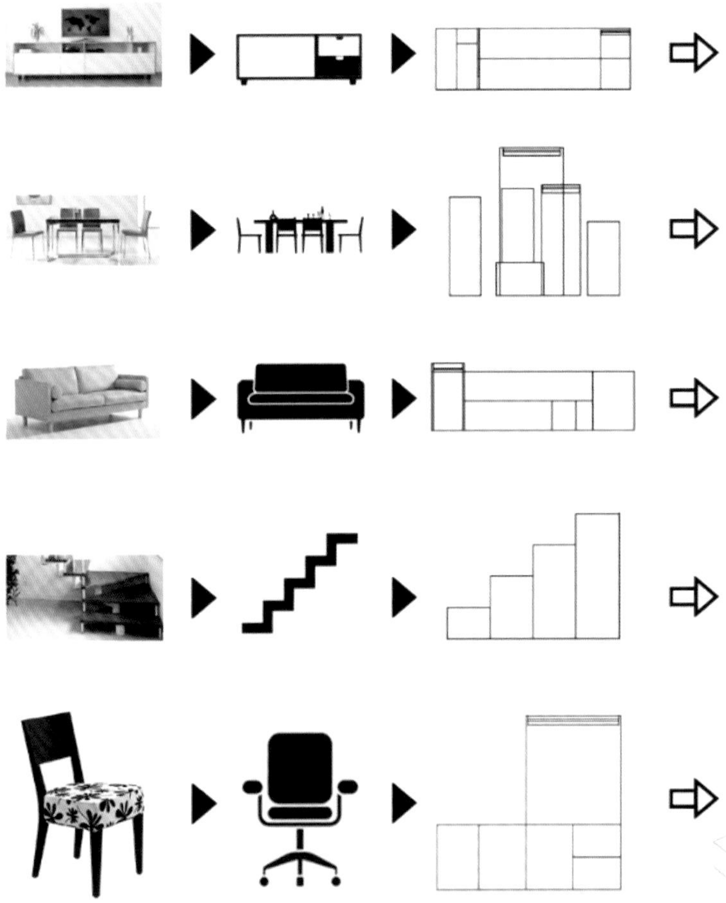

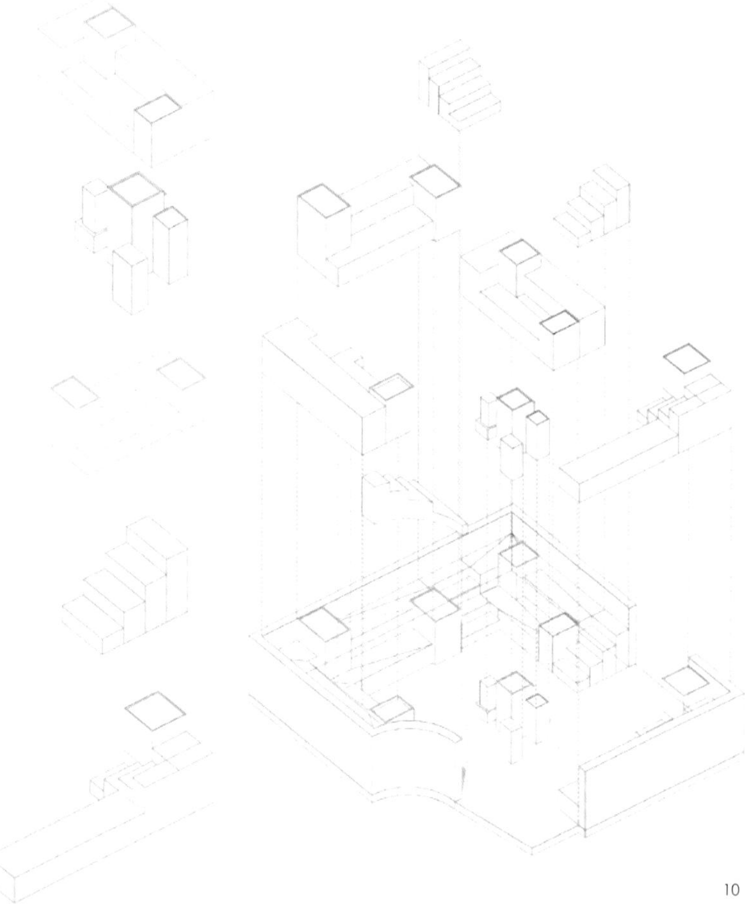

10

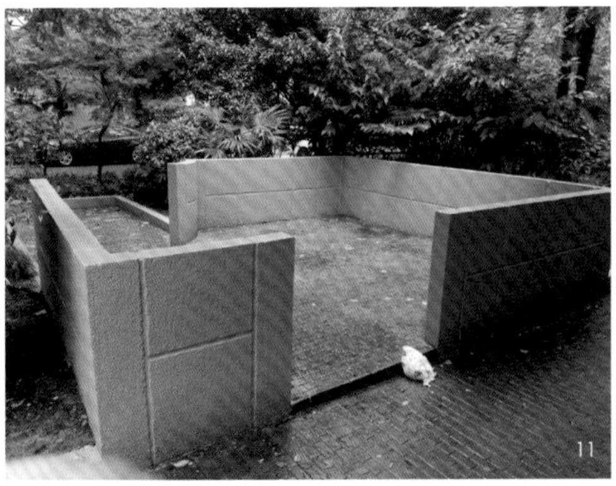

11

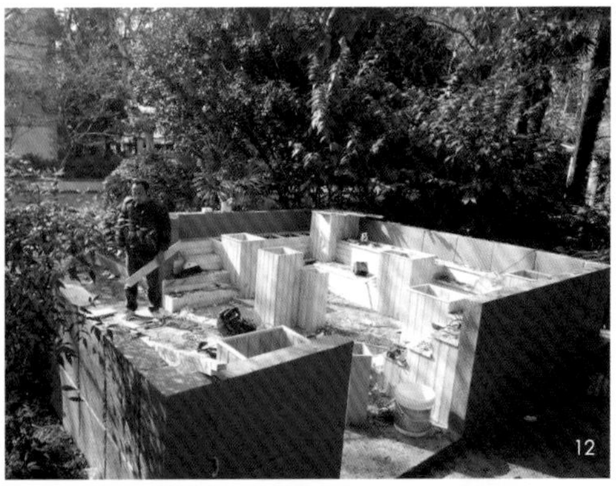

12

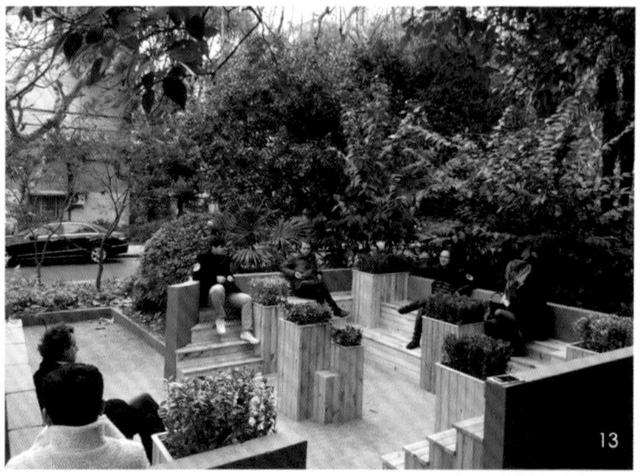

13

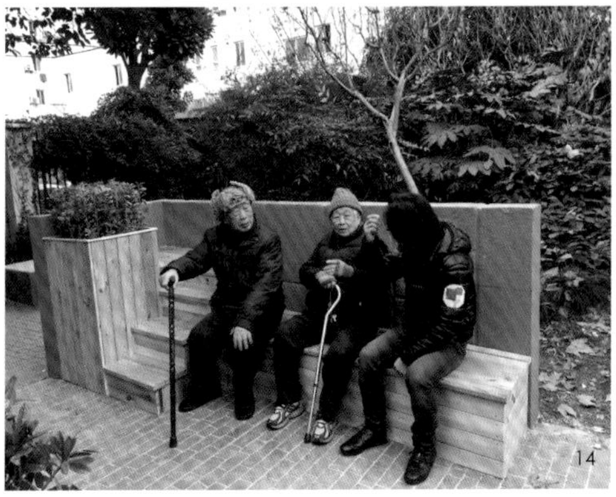

14

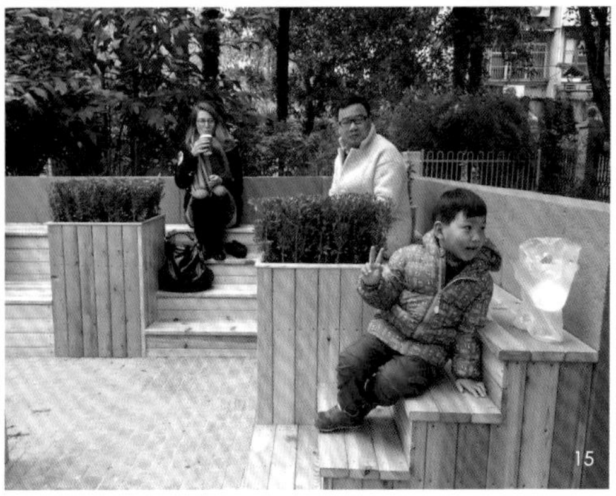

15

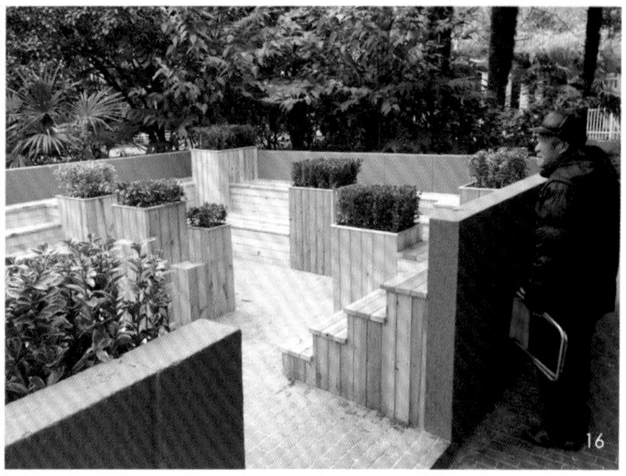

16

佛山梁园历史空间特色营造与设计
——以佛山梁园为例

The Historic Space Characteristics Construction and Design of Foshan Liangyuan
—Taking Foshan Liangyuan as an Example

刘中毅　林　超　杨箐丛
Liu Zhongyi Lin Chao Yang Qingcong

[摘　要]　佛山梁园是清代粤中四大名园之一，是充分展现佛山的古典园林文化与传统生活氛围的窗口，被称之为岭南园林的代表作。本文以梁园历史文化空间设计实践为例，规划的重点在于：重塑梁园历史文化景点与周边城市的关系，挖掘、保护、利用梁园的历史人文资源，建立一个可持续发展的保护发展规划框架，用全面、系统的观点，统筹、协调未来佛山老城片区的发展，创造佛山的人文引领力量，促进未来老城区的保护和合理利用。

[关键词]　历史文化；空间设计；构建

[Abstract]　Foshan Liang Garden, one of four most famous gardens in Guangdong Province during the Qing Dynasty, is an excellent representative of Lingnan Gardens, which fully shows us the culture of classical gardens and traditional living atmosphere of people. By the case of design in Liang Garden's historical-cultural space, the emphasis on planning proposed in this essay is as follows. Apart from reshaping the relationship between the historical-cultural attraction of Liang Garden and cities nearby, the focus on its planning tries to dig out, to protect and to utilize the historical human resources well. In that case, it constructs a planning framework on sustainable development by systematic and exhaustive ways, which will coordinate the development of old urban areas in Foshan, create a new leading power on humanity to the city and strengthen the preservation and use of old areas fully in Foshan City.

[Keywords]　historical culture; space design; constructing

[文章编号]　2018-79-A-072

一、项目概况

梁园历史文化街区是佛山老城6个历史文化街区之一。这一街区以梁园为核心，充分展现了佛山的古典园林文化与传统生活。随着近年的城市建设，该片区的历史格局和肌理受到一定程度的破坏。自1982年以来，佛山市政府先后多次对梁园进行修复，重现名园精髓。然而时至今日，梁园在建筑与园林特色上，与清代粤中四大名园的其他三园仍存在差距。

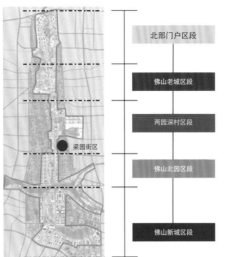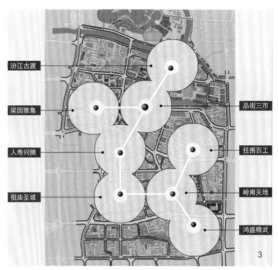

1.城市设计意象图
2.梁园历史空间分布示意图
3.整体性发展策略构思图

二、梁园历史特征与价值

1. 历史沿革

梁园由当地诗书名家梁蔼如、梁九章及梁九图叔侄四人，于清嘉庆、道光年间陆续建成。园内各建筑物和景区主题紧密结合的诗书画文化内涵丰富多彩，诗情画意比比皆是。梁园是研究岭南古代文人园林地方特色、构思布局、造园组景、文化内涵等问题不可多得的典型范例，又是反映佛山名人荟萃、文风鼎盛的重要实物例证。

2. 空间分布

历史上的梁园是佛山松桂里梁氏家族在一定时期内，于不同位置兴建的私家园林的总称。据史料考究，在地理空间上总共呈三片分布，其中主体位于松风路先锋古道，其他则位于松风路西贤里及升平路松桂里。

3. 艺术特征

（1）布局艺术

岭南特有的组景手法"平庭""山庭""水庭""石庭""水石庭"等式式具备，变化迭出。"草庐春意""枕湖消夏""群星秋色""寒香傲雪"等春夏秋冬四景营造独具特色。

（2）建筑艺术

梁园的部曹第、佛堂、梁氏宅等和刺史家庙等建筑物，全为砖木结构，饰以木雕、砖雕，高雅精致。造园者巧妙地将住宅、祠堂、园林和谐连接在一起，园内亭廊桥榭、室阁轩庐，层次分明，轻盈通透，与大面积绿水荷池、松堤柳岸相映成趣，尽显岭南建筑特色。

（3）山石艺术

相传梁园奇石达四百多块，有"积石比书多"的美誉。群星草堂中最吸引人的莫过于"石庭"。佛山梁氏宅园巧布太湖、灵璧、英德等地奇石，大者高逾丈，阔逾仞，小者不过百斤。在庭园之中或立或卧，或俯或仰，极具情趣，其中的名石有"苏武牧羊""童子拜观音""美人照镜""宫舞""追月""倚云"等。景石大都修台饰栏，间以竹木、绕以池沼园内。

三、问题分析

1. 整体功能需要提升

交通方面，周边交通杂乱不顺畅，西侧红路直街道路狭窄，南段出口被高层建筑堵塞；设施方面，街区内停车、消防通道、服务等实施不完善，缺少绿地和活动场地；街区内居住生活条件差，环境状况不佳；用地方面，梁园一期工程仅修复原总体规划的一半，用地局限，景区不完整。

2. 景观风貌亟待改善

（1）景观视廊

城市发展带来的多、高层建筑对梁园的空间挤压，破坏景观视线。

（2）机理格局

梁园及周边街区的历史环境和历史建筑未得到应有的保护，其他旧建筑未得以更新和充分的利用，周边民房建筑杂乱无章，破坏其历史机理。

（3）整体风貌

周边街区环境质量不高，无法与历史环境和历史建筑相协调，历史风貌衰败。

3. 文化品牌有待强化

（1）园林文化：梁园为岭南"四大名园"，但现有梁园未列入佛山新八景，地位有下降趋势。

（2）其他非物质文化：与文人园林相关的诗词文化、戏曲文化、民俗文化等未得到合理整合、利用，梁园与其缺乏联系，未能发挥整体效益和品牌效益。

四、特色空间构建原则与策略

1. 构建原则

（1）统筹整体性——从孤立文物到周边地区的完整形态

梁园及周边地区是一个有机的动态整体，既包含其与佛山老城整体结构的协调关系，也包含其自身相对的完整性。因此，必须从老城的整体发展入手统筹考虑规划片区与老城发展的关系，有机地协调梁园规划与周边地区发展的矛盾。

（2）历史真实性——切实保护梁园等文保单位，提升周边传统风貌特色

真实保护梁园等文物保护单位，强化对历史资料的考证与论证，提出保护与提升周边传统风貌特色的规划对策。

（3）发展持续性——合理利用历史资源要素

充分考虑梁园在佛山八景中的定位与诉求，对梁园及周边地块的发展目标应为降低文化遗产和历史环境衰败的速度而对变化进行动态管理。

2. 构建策略

（1）统筹整体性策略

梁园及周边地区是一个有机的动态整体，既包含其与佛山老城整体结构的协调关系，也包含其自身相对的完整性。因此，必须从老城的整体发展入手统筹考虑规划片区与老城发展的关系，有机的协调梁园规划与周边地区发展的矛盾。

（2）历史真实性策略

①强化对历史资料的考证与论证，按华工对原梁园的测绘图，梁园范围不包括南侧的永义里，因此尽量不对南侧建筑进行拆改，主要向北和西拓展新梁园的范围，提出保护与提升周边传统风貌特色的规划对策。

②切实保护梁园等文物保护单位，严格按照佛

山名城保护规定执行:

核心保护范围内原则上不得进行新建、扩建活动。但是，新建、扩建必要的基础设施和公共服务设施除外。核心保护区范围内新建、扩建、改建后地上部分的建筑面积总量不得超过现有地上部分的建筑面积总量。核心保护范围不得擅自改变街区的空间格局;不得擅自新建、扩建道路,对现有道路进行改建时,应当保持或者恢复原有街巷格局和景观特征。

（3）发展持续性

充分考虑梁园在佛山八景中的定位与诉求,对梁园及周边地块的发展策略应注重为降低文化遗产和历史环境衰败的速度而对开发利用进行动态管理。主要包括;置换原有部分混杂功能、延续传统街巷和空间尺度、强化岭南园林景观。

（4）空间构建性策略

①界面营建

界面的控制是风貌完整性的必然选择,历史街区式由多个界面构成,界面之间组合与衔接可以体现风貌完整性的好与差,因此,历史街区风貌界面的交融才是我们孜孜追求的方向。院落空间与外界交融,将院落空间布局朝向环境景观最好的面向。

庭院空间嵌套,以建筑围合空间,交通联系空间依附于建筑,形成环环相扣的界面形式。结合形式语言组织空间界面,岭南庭园中各个区域相对规整和秩序化几何性,有着明确的空间导向性,运用不规则的变化引入了丰富的空间感。

②天际线控制

心理学的研究表明,人们对城市天际线的认知是有两个变量控制的。首先是天际线轮廓曲折度,城市天际线的轮廓是由观测者视野中建筑顶端的外轮廓线连接组成,是城市建筑群和与天空相遇的界线。一般认为,天际轮廓线的曲折度高,对观测者的认知愉悦感也较高。其次是天际线的层次感,天际线的层次感是指观测者视野中,相对于观测者视线方向的建筑界面所形成的不同层次。视野中不同距离的建筑物形成界面的层次感也不同。笔者基于以上两个变量的控制,对本项目形成了以下思路:在保护规划地区传统风貌的同时,结合地块的开发,通过不同体量、 高度的建筑形体组合, 形成丰富的城市天际线,创造标志性的地区形象。在梁园历史文化保护单位第一圈层建筑的檐口高度控制为9m,第二圈层建筑檐口高度控制位12m,第三圈层檐口高度控制为18m等,形成由内而外逐级增长的态势,统筹街区空间变化,在景观节点出设置若干景观制高点的楼阁建筑小品,以增加天际线的层次感。

③视线构建

景观视线控制的合理与否直接关系到街区风貌质量的优劣。景观视线的控制应因地制宜,景观视点抬高法是本项目的重要方法之一,就是利用楼阁或假山抬高视线,高瞻远瞩取得了 "山外青山楼外楼"的效果。 结合梁园现状景观布局,规划恢复寒香馆、汾江草庐、十二石斋等历史遗迹,新恢复空间与梁园现有空间相互融合,形成空间嵌套特点,在景观的高点形成若干景观视廊,不论由低到高还是由高至低的景观和观景视觉关系,均处理得较为和谐。视觉廊道的建构有机串联了梁园各类虚实环境空间,达到浑然一体的视觉感受。

④庭院空间组合

庭院组织以庭院清雅,尺度较小为特色,庭院在平面布置上较为方正,在剖

4.城市设计意向图
5.连廊系统组织示意图
6.梁园空间视线与渗透分析图
7.游览流线组织示意图
8.建筑高度突破控制示意图

面高宽比大致在1：2以内，因此在尺度上显得开场宽广，心理上会更加自由和安定。庭院运用不仅作为交通空间发挥作用，还可以作为庭院外部空间的延伸，在功能方面发挥集会、观演等公共活动作用。

⑤交通组织

在本次规划的核心保护区内，规划保护和延续传统的街巷空间格局和步行交通方式，规划形成连续的步行区域，以维护历史文化风貌，营造安全、舒适和愉悦的居住生活和观光旅游环境。保留传统街巷，并在允许范围内新增步行巷道与现状街巷相联系；结合建筑空间组合设置小型的人流集散和休憩广场，使其联系传统风貌街巷构建完整的步行网路体系。

3. 总体布局

在核心保护地区，结合地块的开发和建筑修复，通过不同体量、高度的建筑形体组合，形成丰富的空间嵌套关系，创造标志性的节点形象。

梁园共设东、南、西、北四个门，门前扩大空间分别形成东、南、西、北门广场，满足游人集散、购物、停留休息的需要。规划设计选定主要景点的历史方位，以大湖为中心展开各景点，各景区之间互为对景，视野开阔和深远，景观丰富多彩；建筑内外空间渗透自然，园中有院、院中有园；建筑体型与色彩的古朴、幽雅以及地方材料的运用，增添了浓郁的地方情调。

梁园的主要景区，包括主体建筑群景区和韵桥、石舫、水蓊坞、湖中石、笠亭、个轩、种纸处、锁翠湾、书舍、柴门等部分，组成岭南园林特色的水石庭园林景致，给人气势恢宏、豁然开朗的感觉。

五、规划实施与管理

1. 重点公益项目带动

以梁园一期修建工作扩大梁园范围，重现历史风采，形成品牌效应，推动二期三期建设，完善周边地区旅游服务及支撑功能，形成旅游产业发展生态链。优先启动如粤剧博物馆等重点项目形成较好经济社会效应后，逐步置换现有产业功能。

2. 引进公众参与

举行针对市民的定期和不定期的有关梁园文化和遗产保护讲座和展览，加强宣传，促使梁

12

9-12.城市设计意象图

园及其周边地区的保护成为社会共识。公众参与是实现多元平衡的有效手段之一。梁园及周边地区改造牵涉多方人群（业主、租户、政府等），多项利益分配，只有在多方利益达成一致的情况下，项目才具有可实施性。因此公众参与制度是确保政策符合民意及政策合法化的根本途径。组织业主委员会代表、业主代表参与项目建设以及公示制度是实现公众参与的重要途径。

3. 建立多渠道的保护资金筹措机制

多渠道筹集资金，建立梁园文化和民居文化保护的资金保障机制。政府部门应当加强对其保护专项资金的管理，确保专款专用；鼓励通过公民、法人和其他组织捐赠等方式依法设立梁园文化和民居文化保护基金。

对于梁园及周边地区的开发建设中符合保护规划相关要求的开发主体可以给予贷款利率和开发补偿的优惠政策。

建立长期的民居修缮鼓励计划，建立专门用于补助原住民自行修缮房屋的补助基金，加强修缮过程中的技术和资金的管理和帮助。

4. 完善地区改造的政策支持

加强对地区功能植入的政策支持力度，主要可通过地区的交通管制适当限制传统批发和仓储物流产业的发展，为民间金融的功能植入提供良好的发展环境和城市形象；针对外力难以介入又亟须更新的区域，适度提升开发强度的灵活性，增加居民自主更新的积极性；在充分落实紫线保护和风貌控制要求的基础上，针对已形成高强度开发的区域，可延续其开发的强度，保持整体的城市景观，挖掘土地的潜在开发价值，实现旧城改造的可行性。

六、结语

全球化与快速城镇化造成城市地方特征和城市历史空间特色逐渐丧失，这成为目前我国当代城市面临的一个严重问题。因此，城市历史特色空间作为城市极具价值的"稀缺性"资源，正在发展成为政府管理和运营城市的重要抓手。城市历史特色空间的修复及保护需要全面审视而不能只局限于某个环节，需要在提炼、孕育、感知的基础上加强制度建设等多维度协作。

参考文献

[1]凯文·林奇.城市意象[M].方益萍，何晓军，译.北京:华夏出版社.
　　2001.

[2]张松.历史城市保护学导论[M].2版上海:同济大学出版社,2008:
　　126-140.

[3]谢登旺.社区总体营造在原住民地区的实践[J].社会文化学报（社会
　　文化学报）,2002,15:65-70.

林　超，广州市城市规划勘测设计研究院，规划设计一所，主创规划师；

杨箐丛，广州市城市规划勘测设计研究院，规划设计一所主创规划师，国家注册城市规划师、高级工程师。

作者简介

刘中毅，广州市城市规划勘测设计研究院，规划设计一所，硕士，规划师；

寒地山水城市老城区特色景观风貌的理性重生
——以吉林市老城区更新研究为例

Rational Regeneration of Scenic Landscape in the Landscape Cities of the Cold Mountainous Areas
—Taking the Regeneration of Jilin Old City Area as an Example

刘 宏 张晓光
Liu Hong Zhang Xiaoguang

[摘　要]　随着城市的发展、进步，老城区更新改造研究是每个城市都要面临的现实问题。如何通过老城区的更新改造，在实现居住环境提升，经济利益平衡的同时为城市的特色、文化的传承、风貌的提升做出贡献，对于城市的发展至关重要。本文以我国寒地区域著名的山水城市——吉林市为例，通过老城区的更新改造研究，从空间、功能、文化、节点四个层面探索城市魅力的提升，是城市风貌如何在现代经济浪潮下重塑的具体实践。

[关键词]　老城区；更新特色；景观风貌；活化

[Abstract]　With the development and progress of the city, the research on the renewal and reconstruction of the old city areas is a real problem that every city should face. How to contribute to the development of the city through the renovation and renovation of the old city areas, while making the improvement of the living environment and the balance of economic interests contribute to the improvement of the urban features, cultural heritage and style. Taking Jilin City, a famous landscape city in the cold region of our country as an example, through the study of renewal and renovation of the old city, this paper explores the improvement of urban charm from four aspects: space, function, culture and node. It is a specific practice of how city landscape can be remodeled under the modern economical waves.

[Keywords]　Old City; Renewal; Characteristics; Landscape; Revitalization

[文章编号]　2018-79-A-078

1.幸福指环核心文化要素控制图
2.城门分布图
3.山山廊道控制的区域示意图
4.协调区高度控制图
5.区域示意图

吉林是中国北方著名的山水城市、旅游城市，是我国第一批历史文化名城。环绕的群山和回转的松花江水，使城市形成了"四面青山三面水，一城山色半城江"的山水人文画卷。

老城区位于吉林市中部，松花江畔，是吉林城市的起源地，山水格局独特，历史积淀深厚，但同时也面临着开发强度高、建筑密度大、服务功能偏弱、历史文化特色展示不够、江景匀质化等问题。在东北

老工业基地振兴、长吉图一体化纳入国家战略的宏观背景下，吉林迎来了难得的发展机遇，老城区也期待着再次焕发生机，为吉林的腾飞注入强大动力。

本次规划以打造吉林的"魅力之心"为总目标，针对以往更新改造过程中"重居住、轻公共服务；重经济价值，轻社会价值；重滨江，轻内陆"等不足，提出以"功能多元化、体系化的历史文化特质塑造、沿江与内陆协同的整体形象提升，区域功能

完善和节点强化并重"为特征的多元价值更新改造模式，为城市梳理出特色的风貌。

一、空间魅力丰富的景观之城

1.探寻自然资源之间的有效对话

规划通过对建筑高度的控制，保护东侧龙潭山、炮台山与西侧北山、玄天岭、桃园山之间的山

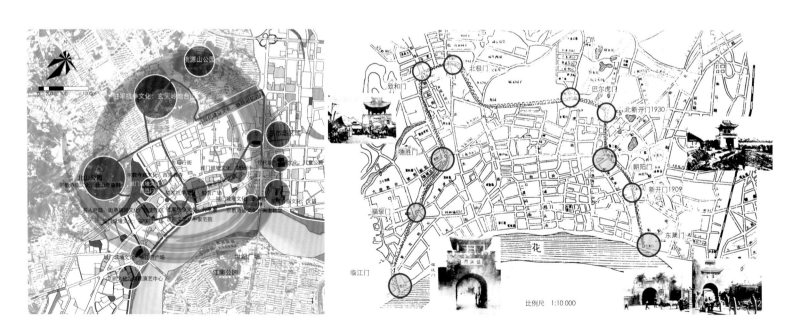

比例尺 1:10 000

体视线沟通廊道，保护北山与松花江之间的山水视线沟通廊道，形成清晰的观山和观水感受，突出城市与山水自然的整体协调关系。

2. 塑造独特的滨江城市景观

规划选取松花江东岸重要节点和制高点作为观赏老城区滨江景观的重点区域，明确东部、南部两处滨江重点景观带；综合选取河南街和北京街周边区域、东关热电厂周边区域、铁道职业技术学校周边区域作为滨江景观的点睛位置，通过景观空间渗透、沸腾感天际线组织、地标建筑的统领等策略塑造重点突出、开合有度的滨江城市景观。

3. 协调整体建筑高度

规划将上述重点控制区外的地区作为高度协调区，确定核心地标建筑位置，建筑高度由内向外逐渐递减，形成区域整体协调的高度格局。

本次规划在既有山水空间体系的基础上，通过各类空间廊道和重要滨江节点的主动梳理与控制，强化山水之间的空间感知体系，凸显城市特色，塑造新型的城市核心山水空间。

二、功能包容多元的活力之城

为提升老城区对周边新区的辐射带动能力，引领产业升级，规划重点加强面向未来的高端服务职能，并对目前的商业设施进行升级。

规划完善现状河南街、东市场两个市级商业服务中心，打造适应寒地气候的体验式商业街区；新增5处商业聚集区，使商业布局更加均衡。

结合上述商业中心及滨江公共节点，引入商务办公、旅游接待、文化休闲等服务设施，形成功能复合多元、布局均衡的高端服务格局，增强老城区整体活力。

三、历史文化传承的气质之城

老城区是吉林城市起源地，目前存留有多处国家级、省级文物保护单位，但现存各类文化资源缺乏体系，展示度不高，没能与城市形成有机整体。

通过对历史资料的充分考证，规划建议对驻军文化、船营文化、历史街区、重要城门等代表吉林历史的重要文化要素进行选择性恢复，或通过现代技术手段演绎重现，凸显吉林作为国家级历史文化名城的独特魅力。

各类文化要素通过廊道串联，围绕清代吉林城范围形成一条集功能、观光、体验为一体的历史文化之环，与松花江自然山水融为一体，为吉林城市品牌增添新的内涵。

四、引擎项目带动的魅力之城

规划综合区位条件、土地使用、景观特征等因素，在滨江构筑松江璀钻、吉祥走廊、乌拉明珠三个引擎项目，产生触媒的催化作用，带动老城区整体提升。

1. 松江璀钻——吉林市集商业、商务、文化、旅游、居住为一体的城市复合功能活力区

（1）功能结构

本区域规划构筑"三区两带"的整体功能结构，分别为：河南街特色步行商业区、松花江城市客厅、北山传统风貌休闲区、滨江路城市休闲游览带、城市记忆体验带。

通过对现状河南街底层商业和中型商场的改造，集中特色品牌和高端品牌，恢复传统

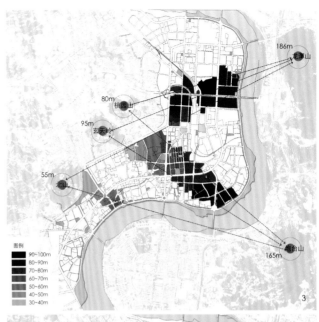

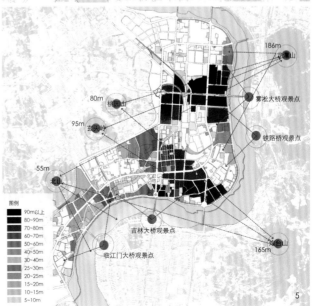

6.总平面图   10.功能结构图
7.核心区平面图   11.历史文化资源规划结构图
8.乌拉明珠城市设计总平面图 12.视廊分析图
9.土地利用规划图

街道商业氛围，形成寒地主题步行商业区。

打通牛马行至江边的开敞空间廊道，周边布置商务办公、文化娱乐、旅游服务设施，形成多元化的公共服务聚集区和市民游览游憩区，打造吉林的城市客厅。

结合北山公园和历史寺庙群，在北山南侧复建部分历史街区和名人府邸，形成吉林市内文化氛围最浓厚、传统风貌最突出的历史休闲体验区。

在沿松花江区域通过对一线地区公共、休闲职能的引入，实现滨江绿带向滨江休闲带的转变。

（2）历史文化传承

针对本区域历史积淀深厚的特点，我们提炼出五类历史文化要素进行规划表达：

①驻军抗争文化

清代的吉林城，将军署位于核心位置，高度为全城至高点。规划根据史料记述原址复建将军署，恢复"五街汇聚"风貌。在"城市客厅"核心区结合户外开放空间建设船营广场，通过现代技术的应用再现船营文化。

②城门城墙

规划在考证历史城门城墙资料基础上，结合现状建设条件，选择性恢复临江门、德胜门、朝阳门、东莱门和福绥门五座城门，作为清代吉林城的标志景观。

③京剧文化

为充分体现牛子厚、喜连城对中国京剧文化的深远影响，规划于临江门区域建设京剧演义中心，打造京剧艺术集中体验区。

④名人府邸和街巷胡同

在北山传统风貌区内，集中复建历史名人府邸，结合传统民居街巷，打造吉林市原汁原味的历史特色体验街区。

⑤宗教寺庙

规划建议对现状宗教寺庙建筑进行保留，并将西清真寺与北山之间的视线廊道整体打通，加强文化设施间的关联度、展示度。

规划通过建筑新建、立面改造、环境整治、街道小品等多种手段，将北山历史文化体验区之外散点

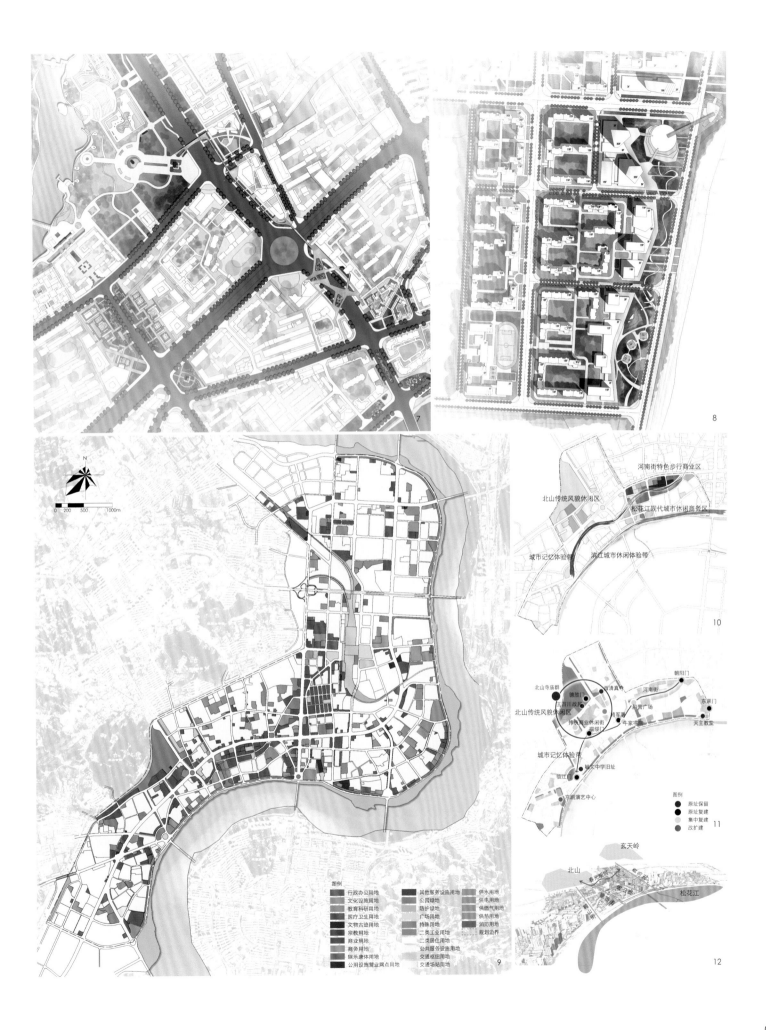

7

8

河南街特色步行商业区

北山传统风貌休闲区

松花江现代城市休闲商务区

城市记忆体验带   滨江城市休闲体验带

10

图例
行政办公用地   其他服务设施用地   供水用地
文化设施用地   公园绿地   供电用地
教育科研用地   防护绿地   供燃气用地
医疗卫生用地   广场用地   供热用地
文物古迹用地   特殊用地   消防用地
宗教用地   二类工业用地   规划边界
商业用地   二类居住用地
商务用地   公共服务设施用地
娱乐康体用地   交通枢纽用地
公用设施营业网点用地 交通场站用地

9

北山寺庙群
德胜门
清真寺
河南街
朝阳门
王百川故居
北山传统风貌休闲区
毓文中学旧址
牛家当铺
东莱门
牛马行
天主教堂
和盛广场
传统商业休闲街
醇江
城市记忆体验带
毓文中学旧址
京剧演艺中心

图例
原址保留
原址复建
集中复建
改扩建

11

玄天岭
北山
松花江

12

13

状的资源进行串联整合，形成城市历史记忆体验带。

（2）空间景观格局

规划首先强化北山、玄天岭、松花江的直接对话，梳理鞍山街、福绥街、越山路、青岛街四条视线与步行通廊；通过绝对高度控制区的控制实现山水视线联系。

其次，优化滨江建筑控制层次，由滨江向内陆形成低层、多层、小高层、高层的丰富视觉变化。

第三，规划对沿江区域提出系统性、序列性与亮点突出的控制方法，打造具有标志性的滨江天际轮廓线。

在此基础上，本区内集中打造四大特色主题景观之路，分别为：现代风情文化之路（城市客厅）、特色商业文化之路（河南街）、城市休闲文化之路（松江路）、山水相融沟通之路（越山路）。

城市客厅——现代风情文化之路。通过整体贯通的绿化空间，形成变化丰富、大气磅礴的空间景观形态。船营广场、滨江庆典广场将成为连接河南街与滨江区的衔接纽带。

河南街——特色商业文化之路：通过南侧整体改造以及北侧局部改造，向西延伸商业界面，实现整体风貌转型，依据历史上的河南街街道尺度空间比例关系进行控制引导。通过空间的开合变化控制街道整体节奏。船营广场将是河南街的空间核心，通过下沉广场的处理，打造出立体化、多元化的体验空间。通

过空中廊架的预留，适应寒冷气候，使河南街成为功能价值、文化价值、景观价值、环境价值为一体的中国寒地首个1km长全天候步行商业街。

松江路——城市休闲文化之路：实现滨江绿带向滨江休闲带的转变，逐步引导江边的建筑功能向休闲类、服务类功能转型。规划建议将越山路—珲春街段进行整体下沉工程处理，将核心区的开放空间与滨江绿带直接相连。

越山路——山水相融沟通之路：结合两侧用地的功能调整，预留沟通山水空中步行连廊，实现北山、松花江直接相连的城市理想。

（3）交通系统规划

本区居于城市核心位置，建设强度较高，交通压力突出。为此，规划打造了一套全方位、多维度的整体交通体系。

首先，规划打通北侧桃源路连接德胜路的廊道，增加过境交通通道数量，同时使进入本区的交通方向由单向变为多向进入；对解放路重要交叉口进行立体化处理，进一步疏导分离过境交通。

第二，规划沿解放路、北京路建设BRT公交系统，实现高标准、全覆盖的公交服务。

第三，规划拓宽3条城市支路、调整和新增5条城市支路，打通核心区内的支路微循环体系。

第四，通过对改造后地下停车空间的整体需求判断，规划在河南街、青岛街地下建设"T"字形交

通走廊，将外围的主干路和地块内部的地下停车场直接相连。未来结合地下商业空间开发、远期地铁站点的建设，本区域的核心地下空间将形成立体化、综合化整体发展的格局。

2. 吉祥走廊——打造以城市特色总部办公、旅游接待、综合商业服务为特征的现代商务旅游服务区

东广场周边通过机遇地块的建设引导，强化建设与广场的空间互应关系，通过超高层地标酒店建筑统领空间形态，东广场整体风貌将突出表现现代、庄重、欢迎的核心气质。

远期，结合东关热电厂的搬迁改造，落位特色总部办公基地，为城市的发展注入新的功能机遇。特色总部基地在空间上将与滨江开放空间相互呼应，打造整体形象。

规划在加强东广场区域、滨江区域的空间形态控制同时，主动寻求通过辽北路的改造既路两侧的建设引导，在空间与视线上将东广场与松花江直接连通。

3. 乌拉明珠——整体定位为旅游接待综合服务中心、老城区北部品质生活又一港湾

利用松花江原有景观优势，提炼城市北部地标，打破匀质化的滨江绿化，强化对滨江景观资源的

充分利用。

规划于通江路两侧预留以旅游接待、商务、文化、娱乐为特征的服务中心，通过渗透式的核心开放空间预留，强化城北滨江的核心气质。

乌拉明珠最终将呈现出绿化景观渗透、空间围合包容、高低起伏错落的整体风貌。

五、老城区特色专题研究

规划基于吉林市老城区的建设特征，继续开展了交通引导专题研究、街区活化专题研究、开放空间活化专题研究。提出了符合吉林市现状情况的、适应城市发展水平和气候特征的系统解决策略。

六、结语

吉林市是一个美丽的北方山水城市，老城区的发展将对全市起到不容忽视的推动作用。本次规划通过多元价值导向的新型更新模式，为老城区梳理出全新的解决策略。我们真诚地祝愿吉林市老城区最终实现经济繁荣、社会文明、布局合理、环境优美的城市目标，注入全新的活力，也相信吉林市拥有更加美好灿烂的明天！

作者简介

刘　宏，北京清华同衡规划设计研究院有限公司，详规四所副所长；
张晓光，北京清华同衡规划设计研究院有限公司，副总规划师。

小议历史地段空间环境的"微设计"
——以上海新场古镇绿化环境改善与生活氛围保育为例

On Micro-design of Historic Environment
—A Case Study of Historic Water-town Xinchang in Shanghai about Green Environment Improvement and Life Atmosphere Maintaining

袁 菲
Yuan Fei

[摘 要] 提出历史地段是在长期社会实践中逐步演化成熟的适地环境，本不需要大手笔的规划设计干预，而应通过微尺度的设计改善，逐步克服历史环境与现代化生活的不适。以上海新场古镇保护实践为例，重点阐述历史地段中绿化环境的改善设计方法和维护原住居民生活氛围的场景保育措施，探索历史地段人居环境渐进改善的"微设计"方法。

[关键词] 历史地段；微环境；微设计；新场古镇

[Abstract] In the years of social practice historical area has gradually evolved and matured suitable space and environment. It does not require massive intervention planning and design. Improve the micro environment of historic area should be a better way to overcome the modern-life inadaptability. The key point design is "achieving revitalization by minimal intervention ", rather than deliberately new adding and restructuring. Case study of historic water-town Xinchang in Shanghai shows an approaching way of "micro design" to gain the gradual improvement in historical area on green environment and life atmosphere.

[Keywords] Historic area; Micro-environment; Micro-design; Historic water-town Xinchang

[文章编号] 2018-79-A-084

一、关于"微环境"与"微设计"

本文所指历史地段"微环境"，是相对于城镇规划宏观层面而言，更多关注的是与历史地段居民日常生活密切相关的、由居民个人便可获得直观具象接触感知的空间环境。历史地段是经由日积月累的漫长社会实践而逐步演化形成的，其本身具有强烈的地缘属性，并且呈现为成熟周到和经久考验的适地环境，本不需要什么大手笔的"设计"或"规划"。只是随着现代社会大规模工业化、快速城镇化、信息化与全球化等新发展运行机制而表现出不相适应的窘迫，故而需要引入适当有度的规划设计和环境友好的管理政策，使其能够逐步适应现代生活的新需求，并成为现代社会发展汲取智慧的文化家园。

在我国当前社会制度转型时期，城镇规划设计对于物质空间建设而言具有重要的龙头指向和规范约束作用。步入"新常态"的社会经济新阶段，更当回归生活空间本原，以深入细致的设计关怀，为历史地段注入更多民生考虑，提供充满生活味的交往空间，重视对日常生活空间微尺度下的宜居氛围的特质把握和设计维系，"微设计"的概念大抵如此。

本文以上海新场古镇保护实践中的绿化环境改善和生活氛围保育为例，探讨一种适应历史地段渐进改善的"微设计"方法。

二、新场古镇概况

1.新场古镇特色与价值

新场古镇，位于今上海市浦东新区中部，是宋元时代东海之滨退岸成陆、下沙盐场东迁后"新的盐场"，伴随宋室南渡的官宦氏族和江南县府的盐业商号相继迁于此而日益兴旺，聚市成镇，故名"新场"；及至明清，市镇建设鼎盛，成为上海东南部地区的重要经济文化中心，有"十三牌楼九环龙、小小新场赛苏州"的美誉；加之气候温润、河网纵横，造就了一个既有海滨古盐文化地理特征，又有江南水乡典型风貌的城镇形态。近代以来，受上海都会西风日渐的影响，古镇"前街后河、跨河宅园"的江南民居中，普遍夹糅了中西合璧的建筑装饰艺术。

纵观新场古镇，从历史久远的沙洲渔村、滨海盐场，到明清水乡市镇，到近代市郊名镇，到现今——保留有"明清风貌建筑七十余处，雕花门头百余座，古石驳岸近千米，南北长街三里许"，是上海地区少有的、保存完整的传统水乡聚落，生动记录并展现着上海浦东原住居民的生活形态和物质积淀，是古代上海成陆与发展的重要载体，近代上海传统城镇演变的缩影，当代江南滨海水乡和谐共生人居理念的真实画卷！

2.古镇绿化环境特色综述

新场周边有大面积的桃林、稻田、菜园、杉林护卫滋养着古镇，这与当下大多数知名江南水乡古镇周边楼宇环绕、充斥着商业开发的场景相比，大为不同。在上海浦东新区二十多年日新月异的开发建设中，能留存这样处于田园环抱中的水乡古镇，实属不易。

不仅如此，古镇里不但有古银杏、古桂花等数棵百年古树，更有浓荫如盖的高大乔木散布在河畔巷坊间，河岸边有苇丛，屋檐下有竹丛，小院里绿篱成荫，狭仄的天井小巷摆放着花草盆栽。在新场，粉墙黛瓦是时时处处都掩映在绿色中的，这与新场人爱种花花草草的长久习惯绝分不开。即便是路边、屋角下巴掌宽的地方，也总会有人细细心心地育着两垄油菜

或是一行花苗。无论到谁家探访，都会被热心地招呼到后院，看看他家那些有年头的黄杨、桂花、或是刚栽的新苗。这些缤纷花草、生机盎然的蔬菜瓜豆，为粉墙黛瓦的朴素小镇增添了丰富多彩的生命力，也透露出新场人对待生活质朴的热爱。

古镇的保护与管理，尤应注重对环镇生态田园环境的维护和全民种植习惯的呵护，为这种有特色且多样化的古镇人文生态特征提供存留的空间和激励政策。

三、新场古镇绿化环境"微设计"

1. 绿化环境改善的主旨原则

根据新场古镇的历史文化与生态环境特色，以及古镇居民热爱种植的生活风尚，古镇公共空间的绿化种植与场所氛围营造，应当突出体现"沪郊·田园·水乡"的生活性（亲切近人的景观氛围）、实用性（家常瓜豆、四季果蔬）、本土性（本地常见植物品类）和自然性（富于野趣、忌人工修剪造型）。以下从"环镇绿化景观""线型滨水空间""街角闲碎空间""花坛树池设计"及"建筑绿化设计"五个方面分别制定改善设计策略。

2. "环镇绿化景观"营造策略

全面养护水乡古镇的田园生态绿化系统：

（1）鼓励环镇可绿化区域逐步增植桃、柳、黄杨、香樟等本地居民喜爱的树种。

（2）古镇东南片严格保护现存农耕田园，区域内形成以稻田、油菜花田和季节性时令菜地季节轮作的水乡农业景观，并提供绿色有机农产品。

（3）穿行田间的河道水体两侧加强竹丛、苇丛

等湿地生态绿化种植，沿岸增植本地名优特色"新凤蜜露"桃树。

3. "线型滨水空间"绿化策略

（1）古镇东侧河港（东横港）宽二十余米，两岸视线开阔、绿树掩映，且南段河道蜿蜒于田园间，尤应保持自然生态岸线，保留现存滨水丛生型野生植被，不宜改筑人工石砌护岸。

（2）古镇街坊内较狭窄的沿河空间不应强行增植绿化，可鼓励沿岸摆放盆栽，既增加美观，又起到一定的防护隔离，避免落水事故。盆栽植物的选择，除传统观赏花卉外，还可种植小葱、青菜、辣椒、小白菜、芫荽等。盆栽器皿除常规花盆外，还可选用破旧面盆、闲置瓦缸、泡菜坛子等弃置生活用品，或石槽、石臼、石井圈等乡间遗弃旧物，但不宜使用白色泡沫盒等不可降解材料。

（3）通行宽度较为富余的滨河步道，鼓励沿岸种植垂挂水面的常绿藤本植物，如本地多见的迎春花，不仅利于沿河防护，还可柔化不良驳岸景观；也可种植本地常见时令农作物，如油菜花、蚕豆、小青菜等，富于乡间农趣，对于邻近住户也有吸引力和自觉性，常年悉心维护。

（4）沿河已有成行的较大乔木应保留，但要注意边角区域避免直接裸露泥土，可补植花草、时令蔬菜等。

4. "街角闲碎空间"种植策略

历史地段内往往建造稠密，宜"见缝插针"，利用不规则边角空地开展多种绿化：

（1）如在贴近建筑墙根狭长的地带种植翠竹，或草本花卉与高矮灌木搭配种植，可大大提升街区的

绿化景观。

（2）古镇内沿主街道或河道的局部开敞空间甚为难得，不宜用大面积绿化侵占地面空间，可在场地周边的建筑或墙体前后种植极窄的一层贴墙绿化（以竹、芭蕉为最佳），既不挤占宝贵的空间，又能提升绿化景观。

（3）房前屋后、街角巷头等小块的闲碎空间，虽不起眼，却是最能突出体现浦东乡土特色的场所，不应按照常规的城市园林绿化方式种植。可鼓励邻近住户种植小片菜地、搭瓜豆架子、用竹扎矮篱围护等；也可适当撒种无需专门养护的野菊花、野荠菜、矮牵牛、婆婆纳、白花苜蓿、酢浆草、沿阶草、紫云英等本地常见的闲花野草。

5. "花坛树池"设计举要

（1）除已挂牌保护的古树名木外，禁止砍伐已形成较大伞盖的景观树木。临水新增廊榭等景观构筑物时，应避让现状树木，为其提供生长空间，并与景观小品相结合。鼓励对保留树木设立铭牌，普及绿化科普知识。

（2）街道上留存或新植的树木，应采用与地面齐平的树池形式，以避免对街道空间的破碎化分隔和侵占。树池的材质可多样化，以传统生态材料为最佳。

（3）沿河沿路种植成行的乔木，不应分别设置单个的树池边框，宜设置整体的连续条形树池，池内满植草本花卉或小青菜等，避免直接裸露泥土。

（4）宽阔场地上的树池可设计为与坐凳结合的花坛，选用石、木等天然材质为宜。

（5）狭仄拥挤的绿化区域，不宜采用砖石砌筑花坛，鼓励使用具有乡趣的竹木篱笆作为分隔。篱

▲ 狭窄的沿河空间鼓励摆放盆栽。盆栽植物除观赏花卉外，还可种植小葱、辣椒、小白菜等。

▲ 盆栽器皿可选用破旧面盆、瓦缸、泡菜坛，或石槽、石臼、石井圈等乡间遗弃旧物，但不宜用不可降解泡沫盒。

▲ 鼓励沿岸种植垂挂水面的常绿藤本植物。

▲ 或可种植本地常见时令农作物，如油菜花、蚕豆、小青菜等。

▲ 不宜用大片低矮绿化侵占地面空间，可在场地周边的建筑或墙体前后种植较窄的一层贴墙绿化。

▲ 鼓励在贴近建筑墙根的狭长地带种植翠竹、芭蕉，或草本花卉与高矮灌木搭配种植。

笆的做法越自然随意越好，篱笆可与瓜豆架结合，也可直接将常绿灌木用竹片绑结，成为生机盎然的绿篱。根据所处位置的私密或公共程度不同，可采用不同的篱笆高度和密度达到视线或通透或屏障的效果。

6."建筑+绿化"设计举要

古镇建筑密集、场地狭仄，应积极利用建筑立面、建筑屋顶、晒台挑廊等形成多样化的立体绿化种植：

（1）可在建筑立面上悬挂绿化盆栽，在建筑窗下墙体安置立体种植箱、种植挂袋等，或在建筑的台基、阶沿上摆放植物盆景。

（2）鼓励种植可依附建筑生长的本地爬墙植物、垂挂植物。如藤本蔷薇、紫藤、凌霄、爬山虎、常春藤等。

四、古镇生活氛围保育"微设计"

新场古镇在经历从农耕到小手工商业社会漫长的自然演进过程中，积累了大量与生活形态息息相关的民间传统文化。这些文化，不仅仅表现为非遗展馆里的"锣鼓书""丝竹清音""浦东琵琶"等抑扬婉转的弹唱，更因邻里亲和、家常味道、老幼相扶等日常且平凡的瞬间，在一代代人的传袭和潜移默化中，维系和充实着古镇独特而丰富的物质空间环境：

（1）适当尊重和鼓励富有江南生活韵味的晾晒文化：居民应对潮湿天气又苦于家庭空间狭小，惯常在宅前屋后晒被子、晒衣物、晒鞋子的晾晒活动；在街边河边晒菜干、笋干、萝卜干；晾挂腌制的海菜河鲜等。

（2）鼓励店家用小黑板书写绘制广告，不仅经济便捷、生动有趣，也易于变换常新。

（3）炎炎夏日可允许街面上张挂遮阳篷布，但色彩应避免纯度过高而鲜艳刺眼，材质也以天然纤维的棉麻布幔为宜，不应使用塑料篷布。

（4）古镇内往往缺乏大面积的菜场空间，过去邻近村民常于黎明或黄昏在街头巷尾摆摊叫卖，或推车挑担穿街走巷。与其三令五申地禁止驱赶，不如限定时段和地点，给予可行的办法。

（5）水乡居民多有在河边洗洗涮涮的习惯，和一边做事一边交谈的生活乐趣。所以，踏级入水的埠头应保护和加固，1949年后沿岸居民陆续自建的河边洗衣台，稍加改善后予以保留，而不是简单拆违。

古镇里这些服务于生活需求，又反过来影响和塑造着生活习惯的日常场景，是古镇"活着"的真实写照。维系这种经久稳固、广泛存在于历史地段中的良好氛围，才有可能延续鸟语花香、吴侬软语的水乡古镇，续写地域文化生命力的鲜活画卷。

五、结语——关于环境改善"微设计"的思考

历史地段的规划和管理，尤应重视对"生活"的维系；历史地段的整修设计者、管理执行者、居住使用者，都需在持续变化的社

会发展中不断思考，体察居民需求，尊重生活习惯，在反复试错和调适中，渐趋合宜地改善设施，这是一个渐进的互动过程，而不是简单粗暴的肃清或整饬。

如何避免保护整治工程实施过程中"处处开挖、大动干戈"的"大工地"现象？如何使古镇的保护与更新建设更加平稳有序，对居民生活的影响减小到最低？应当有什么样的政策或制度来激励居民们继续保持这种对生活的热情追求？或者说如何能够提供给居民一个可以追求生活意趣的平稳环境？——这层层的追问与不懈探索，或许应是历史地段规划管理与更新建设的目标与方向，而"微设计"只是一个前序的开始。

参考文献

[1]仇保兴.重建城市微循环——一个即将发生的大趋势[J].城市发展研究，2011，18(5).

[2]金经昌.城市规划是具体为人民服务的工作，赠城市规划专业毕业班的讲话，1986年7月.

[3]阮仪三.袁菲.迈向新江南水乡时代——江南水乡古镇的保护与合理发展[J]，城市规划学刊，2010(2).

[4]阮仪三.袁菲.葛亮.新场古镇：历史文化名镇的保护与传承[M]，上海：东方出版中心，2014.

作者简介

袁　菲，上海同济城市规划设计研究院历史文化名城所，主任规划师，同济大学工学博士，主要研究方向城乡历史遗产保护与发展。

3.导则示例——狭窄的沿河空间绿化
4.导则示例——较宽的沿河空间绿化
5.导则示例——古镇局部开敞空间绿化
6.导则示例——街角闲碎空间绿化
7.导则示例——花坛、篱笆做法
8.导则示例——"建筑+绿化"做法

▲ 街角空间最能突出体现浦东乡土特色，不应按照常规城市园林绿化方式种植。

▲ 可鼓励邻近住户种植小片菜地、搭瓜豆架子、用竹扎矮篱围护等，也可适当撒种本地常见的闲花野草。　　　　　　6

▲ 狭仄区域不宜用砖石砌筑花坛，鼓励使用竹木篱笆作分隔，也可直接将常绿灌木用竹片绑结为生态绿篱。

▲ 根据公共开放程度不同，可采用不同的篱笆高度和密度，达到视线或通透、或屏障的效果。　　　　　　7

▲ 积极利用建筑墙面、阶沿、建筑屋顶、晒台挑廊等位置布置多样化的立体绿植，鼓励爬墙植物、垂挂植物。　　8

理脉与重构
——汤阴老城更新的在地实践与模式探索

Leemak and Reconstruct
—The Local Practice and Mode Exploration for the Renewal of Old Town in Tangyin

杨 超
Yang Chao

[摘　要]　"非历史文化名城"型的老城由于缺乏法定保护而整体上趋于传统特色的丧失甚至消亡。本文以汤阴老城更新详细城市设计为例，针对此种类型从多个层面提出了适宜的系统化更新方法和设计策略，并提炼总结出兼具创新特色与普适价值的三种模式，以期带来一些有益的思考和经验。

[关键词]　"非历史文化名城"型老城；系统化织补；文化经营；民宅自建；一体化设计

[Abstract]　Old towns that are non-historical and cultural renowned are losing their features or even getting endangered due to lack of legal protection. This article sets Tang-yin old town as an example, launching appropriate systematic updating methods and designing strategies from multiple levels targeting this sort of towns. Three modes which are both creative and universal are crystalized and summed up in this article with expectations to bring up beneficial thoughts and experiences.

[Keywords]　non-historical or cultural renowned old towns; systematical darning; culture operation; self-built folk house; integral design

[文章编号]　2018-79-A-088

　　所谓"非历史文化名城"这一类型，指的是虽有悠久历史但遗存少且零散、价值不突出因而尚未被纳入各级法定的历史文化保护体系的历史性老城区；大多分布在经济欠发达地区的小城镇之中。其中普遍存在保护意识薄弱和对片面利益的过度强调而导致建设性破坏与遗弃等情况，譬如为了发展旅游而粉饰包装、为交通便捷而拆除城墙、为商业开发而损毁原真、为腾卖土地而清空居民……整片的历史街区和民居悄然消亡、其承载的生活方式戛然而止，直令老城面目全非、日趋衰败。因此，对于"非历史文化名城"类型的老城更新，其保护与发展的策略和模式亟需进一步地补充、完善和深化，以应对迫在眉睫的老城危机。

　　汤阴老城是中国广大的"非历史文化名城"中的典型代表，其问题和需求是此种类型普遍存在的共同难题，具有相当的时代性和普适意义。

一、历史文化资源概况

　　汤阴于2006年被联合国授予"千年古县"的殊荣，并被正式列入中国地名遗产保护行列；全国总共10余处，汤阴是其中之一。"罗马不是一日建成的"，同样，"千年古县"汤阴也不是一日建成的。汤阴除了人们熟知的岳飞故里和"文王拘而演周易"的羑里城，还拥有非常深厚的文化底蕴和丰富多样的历史资源；总的说来，可以概括成两大类型：一是宏大叙事，如岳飞、周文王等重要历史人物与事件；二是民间文化，体现民间的生活智慧。2003年汤阴被国家文化部命名为"中国民间艺术之乡（剪纸）"，涵盖戏曲舞蹈、传统技艺、文学诗词、谚语歌谣、地名方言、剪纸烙画、民居饰作、石刻碑帖、饮食服饰和婚俗节庆等很多类型和内

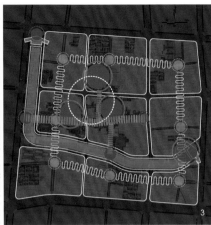

1.汤阴老城总体鸟瞰图　　　4.巴塞罗那老城景观规划图
2.历史建筑现状分布图　　　5.日本京都城市景观规划图
3.城市设计整体框架图

容。总体上可以分为民间艺术、民俗活动和民间文学三个方面。民间文化相对于宏大叙事而言，更接地气或者说就在身边，本身就是日常生活的一部分，但又经常被我们遗忘。因此，汤阴历史上的民间文化艺术虽然发达但在目前的文化展示体系中是缺失的。

与此同时，与丰富资源不相匹配的是文化产品和开发模式的类型单一，仅有岳飞庙和羑里城作为常规旅游景点；老城内虽历史格局保留良好，但五处文保单位除岳飞庙之外均为单体且被湮没在混杂环境中。这种保护与发展模式既不能充分体现千年历史的深厚底蕴，又无法形成文化产业链、建立汤阴整体的文化品牌；也就是说，汤阴历史文化资源的价值潜力还远远没有发挥出来。因此，"千年"是一种历史资源，更应通过设计和经营成为一个特色化的文化品牌。

二、文化策略：资源重组、产业衍生

1. 本土资源的分合重组

特色营造离不开对本土历史文化资源的深入发掘和系统梳理以发现设计的可能性。通过将汤阴自身多样的物质与非物质文化类型和历史素材加以集成整合，我们试图建立起一种文化展示的总分模式，即"总录式+主题化"的重组策略。前者作为千年一体的集中展现，使游客能在第一时间就强烈感受到千年古县的深厚底蕴；后者则将汤阴的历史文化类型分为五大主题板块（分别是周易文化、岳飞文化（或叫作忠孝文化）、中医文化、郊区的大遗址文化和很重要的一块——民间文化），以主题化板块分解的方式最大化地彰显各自的特色。

2. 本土资源的产业经营

汤阴文化类型的多样（尤其是民间文化和传统技艺）使其具备"再产业化"的素质和潜力。我们因此策划了产业化保护与发展中心、县衙传统体验式特色酒店、忠孝文化研究中心和城隍庙民俗商业街区等文化与商业项目，并根据各自特质、现状条件和空间需求等因素合理落位。凭借这些空间载体，植根本土资源衍生文化产品，在外向展示的基础上进行研究、设计、体验、传承和消费，积极构建并全面延伸具有地方特色的文化产业链（如特色商业、乡土餐饮、培训教育、影视演艺、旅游体验等下游产品）；继而以主题性项目吸引游客、以多元化服务和产品丰富业态、互补互动，形成"文化内核、衍生商业，多元混合、主题突出"的商业经营模式，在激发老城文化与社会活力的同时发展出具有汤阴特色的新的经济形态，成为汤阴历史文化资源价值再现的突破点。

三、空间策略：体系重构、要素共生

空间策略旨在对各种不同类型的文化产业进行具体策划和空间落位，并以景观化的视角合理布局、有序组构、创造特色。

1. 整体架构：历史圈层，引领老城结构更新

（1）基于历史的空间重构

老城现状较为清晰地反映出其历史格局：九街六门、城墙城池、县衙为轴、文武分立、左昭右穆。此外，根据明清历史地图，县衙、岳飞庙和文庙的位置相对集中，可以推断出这里曾经是古代汤阴县城的公共核心，承载着汤阴传统之精华；三者经由文化街、聚贤街两条历史街道串联成为一个整体的历史区域。该区域的公共性与城市性意义也应当延续，作为当代汤阴老城最重要的公共空间。外围区域则主要以居住为主，其间穿插其他宗庙建筑。城隍庙、文笔塔和奎光阁集中分布于老城东南角，应是当年市井文化比较繁荣的所在；这也符合历史老城布局的一般规律。

因此，对于文化景观空间体系的重构也必须尊重历史格局，在此基础上建立起"一心一带一环九片"的空间结构，作为城市设计的结构性要素，也是文化旅游的核心资源。

①文化核心：以文化街为主脉，串联县衙、文庙和岳飞庙三大历史空间所形成的核心区域。

②城墙绿带：拆除城墙遗址上的现状房屋，还原历史边界，营造城墙遗址公园；同时结合旅游服务和生活服务设施形成公共休闲活力带。

③居住组团：按照人口规模划分为九个居住组团，并配置相应的生活服务设施。

④社区廊道：结合政法街和新增支路设置居住区级生活服务设施，形成"社区环廊"、串联各居住组团，以期恢复街道空间多样化的生活形态。

（2）混合多元的更新模式

在老城空间的整体架构下，针对不同结构区位、不同环境条件和不同本底类型，采取混合更新模式并进行分类，逐一制定适当的更新策略，以切实解决具体问题。主要包括：

①历史保护：分为文保单位和历史民居两种。前者按照保护要求严格控制，后者采取建筑本体保护的方式，对历史民居修旧如旧地复原传统格局肌理和建筑样式；同时在不破坏建筑结构和风貌的前提下可以对其内部进行适当改造和再利用。规划对不同类型历史建筑的保护原则、保护范围、保护要求、修缮与改造措施和环境整治策略等内容制定了具体规定。

②民宅自建：对于大面积的普通民宅，采取规划控制与引导自组织建造的更新模式。

③拆除新建：分为两种类型，一是利用外迁用地和现状空地进行新建；二是依据规划结构和总体需

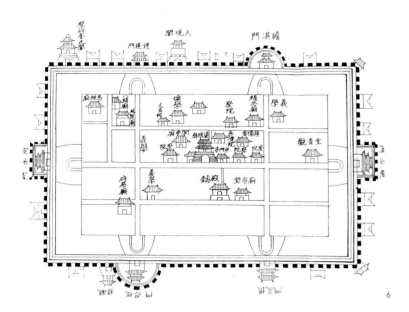

6

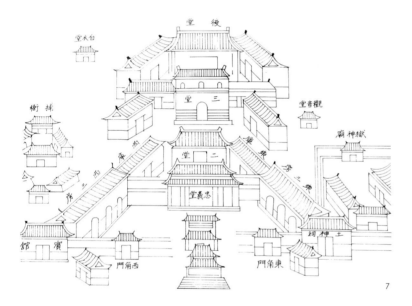

7

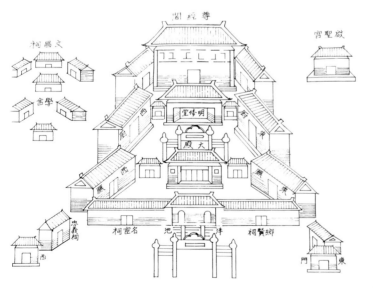

8

要拆除局部房屋，与机遇用地整合进行新建。新建内容既包括建筑营造也包括景观织补。

2.民宅自建：民生关怀，解决基本人居问题

民生问题始终是旧城更新的基础问题，包括基础设施改造、人居环境提升、拆迁补偿安置等一系列实际而敏感的内容。规划针对汤阴老城的特点和需求，从整体、街坊和个体三个层面采取策略应对，希望通过有机更新的模式，保留原住民、延续生活文化；同时建构基质景观。

（1）整体层面：系统织补

对于老城各类生活性基础设施的改善，规划采取"系统化织补"的策略，即从道路交通系统、市政基础设施系统、功能体系、公共开放空间系统、生活服务设施系统和城市肌理等方面进行全面梳理和织补，形成较为完善的生活空间系统。在解决基本人居问题、使之融入现代生活的同时，也奠定了营造基质景观的总体骨架。

（2）街坊层面：边界控制

巷道是体现老城空间趣味性与生活氛围的重要元素，也是邻里间社会交往的主要场所。由道路划分的每一个街坊内部，依据现状对主要巷道进行梳理和边界划定，作为民宅自建时不可侵占的公共空间界域；同时还将街坊分为若干个更新单元，形成从街坊到单元、再到院落权属边界的三级控制体系，保证社区营造的有序实施。以此方式将街道生活引入纵深巷道，延续"街—巷—院"的传统空间模式和丰富层次，强化老城生活空间体验。

（3）个体层面：民宅自建

城市基质空间具有整体性和包容性两大特点。前者源自当地独特的文化习俗、生活方式及其形成的共同的空间模式，具有一致性，如明清北京城的四合院原型和巴塞罗那老城区的围合式街区。后者基于该空间模式中的结构秩序，允许在整体统一的背景下营造差异。那么，本次规划尝试将基质景观的构建与民宅自建的需求结合起来，遵循整体性与多样性的原则，建立民宅自建的标准和规则，以他组织的方式引导自组织行为，探索独具地方特色的社区营造模式。

①标准图集的整理

仅存的历史民居是老城不可再生的珍贵资源。因此，规划伊始我们逐一调研了所有的历史建筑，并对历史信息进行详尽梳理，建立档案库。在此基础上，分类整理出传统民居样式的参考图集，从院落形制、单体建筑和构件细部三个层次入手，包含相应的平面格局（正房、厢房）、体量造型、立面形式（主立面、背立面、山墙面）、材质色彩、窗墙比例、（内院与沿街）及

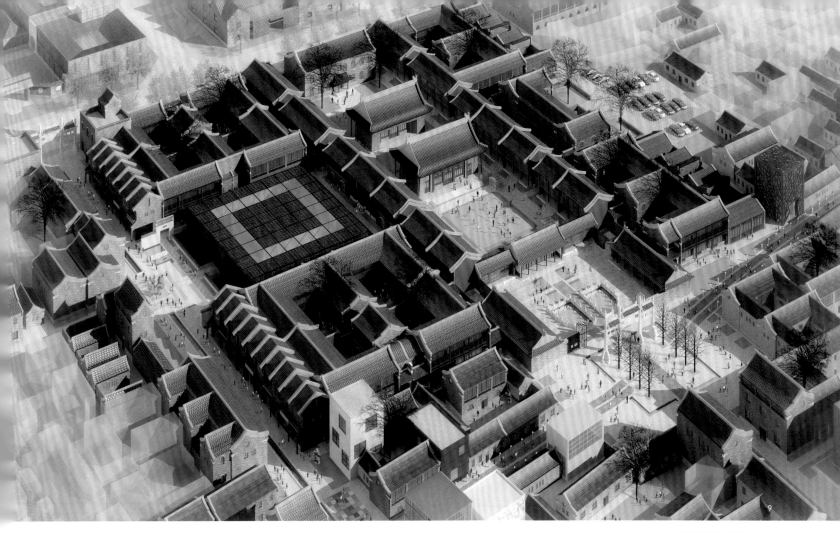

6.汤阴老城历史地图
7.县衙历史地图
8.文庙历史地图
9.产业化保护与发展中心鸟瞰图

门楼、檐口、墙面、勒脚、门窗、槅扇、照壁、花罩、栏杆、铺地及其尺度等内容；并以最直观图示化和数据化的手册形式发给居民，作为民宅自建的选型参照。

②营建规则的制定

形成基质景观的关键在于营建规则的合理制定，尤其是与建筑风貌相关的控制与引导措施。规划从刚性控制和弹性引导两个方面加以规定，前者对空间布局、单体体量、建筑风貌、材质色彩和装饰部分的各项控制要点（退线要求、入口位置、消防距离、建筑高度、屋顶形式、进深与开间尺度、立面风格、材质处理、主要色调等）逐条列出；同时对下限条件严格控制，避免出现不良景观。后者则针对根据生活需求可灵活调整的部分（如门楼样式、门窗构件、细部装饰、墙面砖饰等）建议在适当的范围内弹性选择，充分发挥民间智慧，也希望能将砖工砖雕等传统技艺在现实需求中重新激活。

此外，对于沿街与坊内两种不同区位的建筑风貌也采取了差异化的控制。对于重要的历史性街道两侧的建筑界面要求严格控制，制定控制导则并依据传统风貌进行整体化的立面改造。地块内部的住宅则以

满足现代生活需求为根本，在满足基本要求的前提下拥有更大的建造弹性。

③实例建造的示范

规划还选取自建需求最迫切的真实场地进行有针对性的具体设计和多方案比较，使居民更清晰地了解如何把普适性的规则转化为现场的建造程序，从而通过示范效应带动激活其他区域，指导和规范自建行为。

通过系统化织补和营建秩序的建立，合理组织生活空间的有机更新，在改善生活质量的同时能够重塑具有当地传统风貌特色的整体景观。

3. 核心引领：特色营造，再生地域文化空间

文化斑块既是整体结构框架中的核心性要素，也是提升文化旅游的主要资源；其中包含多种类型及相应的设计策略与空间模式，如历史空间结合机遇用地、历史民居簇群及其周边等。由于篇幅所限，无法一一展开详述，这里仅以县衙、文庙和岳飞庙三大历史空间所形成的文化核心为例，三位一体、重点切入，以结构性更新的方式植入空间触媒，激活老城机能。

（1）重构轴线体系

规划延续中国传统城市以轴线组织格局、以院落

为空间单元的基本形态要素，并根据现代功能需求展开各种变化，构建丰富而有序的城市公共空间。规划以县衙、文庙和岳飞庙的三条纵向历史轴线为起点，引入现代横轴与历史要素建立对位关联；并在轴线交汇处和端头对景处设置不同层级和功能的节点空间，形成开合有序的纵横轴线体系，组织整体空间构架。

（2）历史场景修复

依据历史地图和形制考据，恢复县衙和文庙的传统空间模式，还原历史空间，为居民和游客提供场景体验。同时，在传统空间中引入现代功能、并依据文庙"前庙后学"的基本格局，分别植入体验展示、教育培训和技艺传承等内容。此外，以传统的形制序列和合院肌理为背景，在关键节点植入少量异质性现代元素，使传统形态与现代元素交融共生。

（3）激活传统街道

文化街是连接岳飞庙和文庙的最重要的历史街道，目前两侧仍保留着传统的院落人居。那么，对于文化街的改造策略，也应以延续原住民的本土生活为主；而这里依然浓郁的生活气息是展现民间文化的最佳本底！因此，规划构思将文化街定位为"民间文化艺术街区"，设置独立的民间文化艺术馆，以最大化

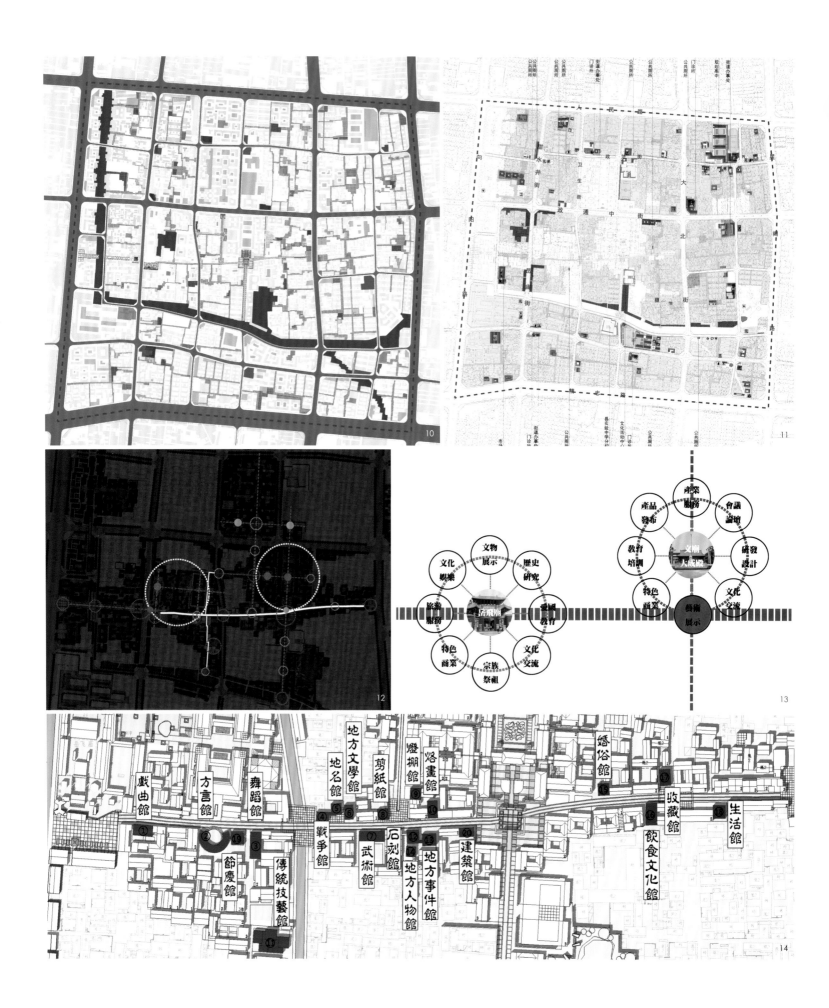

15

彰显汤阴丰富而独特的文化类型。展馆的设计也突破常规的集中式大体量和单元化的展陈模式，采用开放性、专题式的混合型模式，化整为零将其街区化。根据各异的民艺展示主题"量身定做"了20个小型化、单一空间的独立展厅建筑，包括地名观、剪纸观、烙画馆、地名馆、方言馆、民居馆、地方文学馆等，每一个馆从室内展陈到建筑表皮，都可以依据自身的文化主题进行"小而精"的特色化设计，成为编织在生活背景中的多样化的异质元素。

四、规划实施情况

本次规划的成果已作为指导后续建设的重要依据纳入政府红头文件当中，明确要求必须参照执行。截至目前，岳飞纪念馆按照修规中的建筑设计方案已建设完工，于2016年7月开馆；民宅自建的审批、建造等相关工作也在顺利进行中，已有代保叶、白秀军、彭水安、李建军等多家原住民按照本规划的要求和相关流程开始报批与施工。事实证明，将本次规划编制的地块控制图则与手册进行协同控制与指导，能够较好地解决实施过程中出现的实际问题，具有良好的可操作性，从而实现了本次规划作为建设型规划、导控型规划和实施型规划的三位一体，保证规划思想得以逐步落到实处。

五、结语

本项目获得了"2015年度全国优秀城乡规划设计一等奖"，但这并不意味着我们对汤阴老城关注的结束，或者说才刚刚开始。伴随着老城更新的进展将予以不断深化，在具体实施过程中会遇到各种规划阶段始料未及的现实问题，对于我们既是挑战也是机遇，能够使我们持续反思和弥合之前的不足、逐渐积累和总结"汤阴模式"的种种经验，为未来更好地应对此类难题、推广类型化的更新模式和设计方法、真正落实"人"的城镇化目标奠定基础。

参考文献

[1] 汤阴县志编纂委员会. 汤阴县志[M]. 郑州：河南人民出版社. 1987.

[2] 千年古县汤阴编委会. 千年古县汤阴[M]. 北京：中国社会出版社，2008.

[3] 朱良文. 深化认识传统，明确保护真谛——在制定《世界文化遗产丽江古城传统民居保护维修技术手册》中的思考[J]. 新建筑，2006 (1)：12—14.

[4] 朱良文，肖晶. 丽江古城传统民居保护维修技术手册[M]. 昆明：云南科技出版社，2006.

[5] 王鲁民，刘晓星，范文莉. 把个体纳入网络——城市历史因素保护初探[J]. 华中建筑，1999 (1)：130-132.

[6] 喀什老城区阿霍街坊保护改造（获奖）[J]. 世界建筑导报，2011 (2)：38-43.

作者简介

杨　超，东南大学城市规划与设计专业硕士，工程师，注册规划师，北京清华同衡规划设计研究院有限公司，详规四所主任工程师。图

10.公共开放空间系统织补图
11.生活服务设施系统织补图
12.轴线体系图
13.两点一线示意图
14.民间文化艺术馆类型分布图
15.文化街鸟瞰图

1

风貌肌理延续，文化空间修复
——吉安田侯历史街区保护更新探索

Continuation of Cityscape Texture, Restoration of Cultural Space
—A Practice of Historical District Protection and Renovation Based on Tianhou Historical District, Ji'an

孙 健 孙旭阳
Sun Jian Sun Xuyang

[摘　要]　快速城镇化过程中，传统历史街区面临设施老化、功能退化等一系列问题，而以大拆大建为特征的旧城改造只能加速城市历史风貌的丧失，碎片式的改造与开发又进一步恶化了传统历史街区的文化品质。如何对传统历史街区进行保护与更新并使之重新融入现代都市生活，已成为当前城市规划工作的热点问题。本文结合吉安田侯历史街区保护与更新规划实践，从历史遗存保护、空间肌理延续、在地文化激活、城市风貌重塑等四大维度探讨了传统历史街区的保护与更新模式，以期为同类项目提供参考与经验借鉴。

[关键词]　风貌；文化；历史街区；保护；更新

[Abstract]　With China's rapid progress of urbanization, the historical districts are faced with such problems as aging facilities and decaying vitality, resulting in declined districts. Most of them have vanishes under the large-scale demolition and reconstruction. It has become a hot topic in the field of urban planning that make the historical districts fit into the modern life and to achieve the extension of city memory and context through organized renovation. Based on the practices of renovation and planning in the Tianhou Historical District, this paper explores the ideas and methods of the historical districts renovation and planning in four aspects: heritage conservation, culture recurrence, space reconstruction, and cityscaperenovation, so as to provide references and experience in similar projects.

[Keywords]　Cityscape; culture; historical district; protection;renovation

1.庐陵历史街区保护与更新规划透视图
2.规划范围图
3.现状历史遗存
4.历史建筑修缮保护一览表
5.历史建筑典型立面图

[文章编号]　2018-79-A-094

一、研究背景

1.历史沿革

吉安市位于江西省中部，赣江中游，古称石阳、庐陵、吉州，是一座有着2 000余年历史的水岸名城。古城从唐代开始由城内向城外扩张，至宋代就已形成城内、城外两大片。田侯路片区正是位于城外后河西岸。历史上是赣中的漕运中心、商贸中心，商业发达，百业繁荣。刘辰翁《习溪桥记》记叙了南宋末南街的繁华景象，元明清大致按这一格局不断增容扩大。清末城内有大小街巷47条，城外不断向西南延伸，有大小街巷102条。

吉安是孕育庐陵文化的人文故郡，以"三千进士冠华夏，文章节义堆花香"而著称于世。历代状元有21名，占全江西省的近1/3，历代进士3 000多人，"隔河两宰相""一门六进士""百步两尚书""五里三状元""十里九布政""九子十知州""父子探花状元""叔侄榜眼探花"的描述，至今传为佳话。它的精髓是"文章节义"，大书法家颜真卿，唐永泰元年被贬为吉州司马，在吉州两年，广辟学舍，大兴斯文，劝农垦田，其刚正义烈之节，影响吉安千余年。庐陵文化是一种地域文化，是有史以来生活在庐陵一带的人们共同创造的精神财富，具体内容十分丰富，以书院文化、商贾文化、宗教文化及手工业文化为主，有鲜明的地方特征，是赣文化的重要支柱。

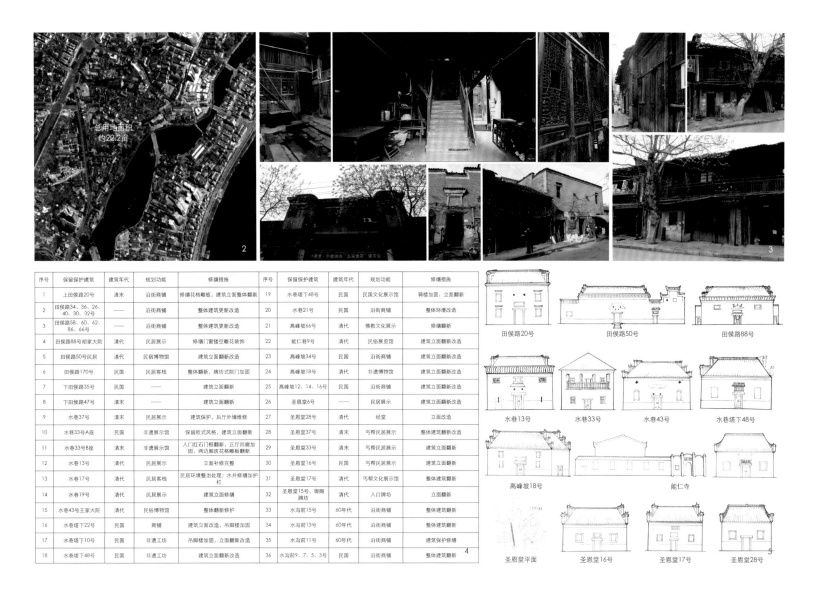

序号	保留保护建筑	建筑年代	规划功能	修缮措施	序号	保留保护建筑	建筑年代	规划功能	修缮措施
1	上田侯路20号	清末	沿街商铺	修缮花格雕板、建筑立面整体翻新	19	水巷塔下48号	民国	民国文化展示馆	骑楼加固、立面翻新
2	田侯路34、36、26、40、30、32号	——	沿街商铺	整体建筑更新改造	20	水巷21号	民国	沿街商铺	整体环境改造
3	田侯路58、60、62、86、66号	——	沿街商铺	整体建筑更新改造	21	高峰坡66号	清代	佛教文化展示	修缮翻新
4	田侯路88号胡家大院	清代	民居展示	修缮门窗镂空雕花装饰	22	能仁巷9号	清代	民俗展览馆	建筑立面翻新改造
5	田侯路50号民居	清代	民省博物馆	建筑立面改造	23	高峰坡34号	民国	沿街商铺	建筑立面翻新改造
6	田侯路170号	民国	民居客栈	整体翻新、牌坊式院门加固	24	高峰坡18号	清代	非遗博物馆	建筑立面翻新改造
7	下田侯路35号	民国	——	建筑立面翻新	25	高峰坡12、14、16号	民国	沿街商铺	建筑立面翻新改造
8	下田侯路47号	清末	——	建筑立面翻新	26	圣恩堂6号	——	民居展示	建筑立面翻新改造
9	水巷37号	清末	民居展示	建筑保护，后厅外墙维修	27	圣恩堂28号	清代	经堂	立面改造
10	水巷33号A座	民国	非遗展示馆	保留欧式风格，建筑立面翻新	28	圣恩堂37号	清末	丐帮民居展示	整体建筑翻新改造
11	水巷33号B座	清末	非遗展示馆	入门红石门框翻新，正方回廊加固，两边跑房花格雕板翻新	29	圣恩堂33号	清末	丐帮民居展示	建筑立面翻新
12	水巷13号	清代	民居展示	立面补修完整	30	圣恩堂16号	民国	丐帮民居展示	建筑立面翻新
13	水巷17号	清代	民居客栈	民居环境整治处理，水井修缮加护栏	31	圣恩堂17号	清代	丐帮文化展示馆	整体建筑翻新
14	水巷19号	清代	民居展示	建筑立面修缮	32	圣恩堂15号、御赐牌坊	清代	入口牌坊	立面翻新
15	水巷43号王家大院	清代	民俗博物馆	整体翻新修护	33	水沟前15号	60年代	沿街商铺	整体建筑翻新
16	水巷塔下22号	民国	商铺	建筑立面改造、吊脚楼加固	34	水沟前13号	60年代	沿街商铺	整体建筑翻新
17	水巷塔下10号	民国	非遗工坊	吊脚楼加固，立面翻新改造	35	水沟前11号	60年代	沿街商铺	建筑保护修缮
18	水巷塔下48号	民国	非遗工坊	建筑立面改造	36	水沟前9、7、5、3号	民国	沿街商铺	整体建筑翻新

田侯路20号　田侯路50号　田侯路88号

水巷13号　水巷33号　水巷43号　水巷塔下48号

高峰坡18号　能仁寺

圣恩堂平面　圣恩堂16号　圣恩堂17号　圣恩堂28号

2. 规划范围

田侯历史街区（田侯路片区棚户区）位于吉安市吉州区老城区，东至后河西路，南至后河铁佛桥，西至古南大道，北至沿吉安军分区南围墙、中山东路、文山路、棉庆楼到后河盐桥一线。场地内有田侯路、水巷塔路、高峰坡路、圣恩堂路和水沟前路等街道，项目总用地面积约22.2hm²（333亩）。

根据现场踏勘，场地内拥有历史遗存建筑多达51栋，主要有：①田侯路，有历史价值建筑共18栋；②水巷塔路，有历史价值建筑共11栋；③高峰坡路，有历史价值建筑共8栋；④圣恩堂路，有历史价值建筑共7栋；⑤水沟前路，有历史价值建筑共7栋。

3. 总体评价

（1）资源基础

①景观资源：22.2hm²基地范围位于老城区与南部新城区之间，紧邻城市景观绿廊——后河，与赣江也仅有一个街区的距离，环境优势突出。

②历史建筑：基地内大量的民居有历史记载，如水巷塔路的王家祠堂及聚落式民居群、圣恩堂路的明清丐帮聚落式民居群，能仁寺、水巷古井、胡家大屋、高峰坡路临街三层砖木结构的店面等。这些建筑造型独特、历史悠久，如胡家大屋是吉安晚清官僚胡道昌的宅院，内部雕刻精美，正厅四水归堂，四周木雕为花鸟鱼虫、吉祥瑞兽。

（2）现状问题

①历史文脉昌盛，空间载体零散：历史建筑是吉安城市文脉的空间载体，基地内历史建筑数量众多，但却散落在田侯片区的大街小巷，随着城市的开发建设，这些历史遗存大量被损坏。

②残片式风貌肌理，破败化生活环境：基地内新老建筑混杂，棚户搭建已将传统街巷肌理破坏打乱。大量传统建筑年久失修，面临严重的功能性及物质性衰退，现已不适合居住使用，整体风貌杂乱不堪。

（3）规划思考与策略

诸如此类留存历史建筑零散，风貌肌理不完整，又具有一定历史价值的街区如何进行保护与更新，是本次规划实践的一大课题。因此，结合田侯历史街区，规划提出如下策略：首先以历史建筑和不可移动文物为中心划定核心保护区，在此范围内实行小规模渐进式的保护与更新；针对街巷空间，以院落为基本单位，实行微循环式的改造，有依据地复建古旧建筑以延续风貌肌理；找寻城市文脉，修复文化空间，通过非遗聚落集群与民间博物馆集群传承展示传统地域文化，从食宿游娱购等旅游要素出发，为游客提供多维旅游体验；注重历史建筑原有功能的延续和转换，将文化与现代业态、现代功能有机融合，形成新的模式。

二、保护与更新

1. 历史遗存保护

（1）保护等级与范围

将田侯历史街区保护范围划定为两个层次：核

图例
保护修缮建筑
保留改造建筑
拆除新建建筑
已批在建建筑
规划范围线

6

现状肌理　　　　评估、保留、修复　　　　肌理植入　　　7

现状街巷结构　　　　设计后街巷结构　　　　8　　　现状院落体系（院落较少）　　　设计后院落体系

图例
院落
街巷空间
城市道路

9

仓口街肆　　　　儒林古街
田侯路街肆　　　　民宿工坊
聚落式民居
水沟前街肆　　　　商业街肆
丐帮聚落式民居群　　　丐帮民居群（复原保护）
高峰坡路街肆　　　　商业街肆

10

朱家大院
古街商业
胡家大院
王家大院
民俗博物馆　　田侯庙　王家宗祠
田侯路20号
古街商业
古戏楼　吉州贡士庄
圣恩堂牌坊　山晓楼
回仙酒楼
文化展览馆
西原会馆
诗人堂

11

灵光庙
朱家大院
水巷塔
胡家大院
民俗博物馆　　　　田侯路20号　　　王家宗祠

古戏楼
圣恩堂牌坊　　　顺秀楼　　　　　西原会馆
回仙酒楼
文化展览馆　　　山晓楼　　　　　诗人堂

12

图例
① 胡家大院　⑱ 丐帮民居群
② 朱家大院　⑲ 顺秀楼
③ 礼巷　　　⑳ 古戏楼
④ 民居客栈群　㉑ 吉州贡士庄
⑤ 非遗工坊　　㉒ 庐陵精品客栈
⑥ 民俗博物馆　㉓ 酒店客栈
⑦ 田侯庙　　　㉔ 回仙酒楼
⑧ 水巷塔　　　㉕ 山晓楼
⑨ 水巷古井　　㉖ 赏春楼
⑩ 水巷　　　　㉗ 滨水酒吧街
⑪ 王家宗祠　　㉘ 半苏亭
⑫ 半苏巷　　　㉙ 侍中庙
⑬ 儒林古街　　㉚ 西原会馆
⑭ 庐陵客栈　　㉛ 能仁寺
⑮ 半苏桥　　　㉜ 诗人堂
⑯ 丐帮文化博物馆　㉝ 茶艺庄
⑰ 经堂　　　　㉞ 后河码头　13

6.保护更新模式图　　　10.有依据的复建街肆民居示意图
7.空间肌理规划图　　　11-12.开放空间规划图
8.街巷院落规划图　　　13.庐陵历史街区保护与更新规划
9.街巷院落规划图　　　　　总平面图

心保护区，风貌协调区。

核心保护区9hm²，保护范围为：田侯路、水巷塔路、圣恩堂路、高峰坡路、能仁巷及水沟前路六条主要街道。保护措施：确保此范围内的建筑物、街巷及环境不受破坏，建设活动以维修、整理、修复及内部更新为主；街巷保持原有空间尺度，地面铺装恢复传统特色；街巷两侧建筑功能以传统民居和传统商业建筑为主，发展传统商铺茶肆和产商结合的手工作坊；传统民居选择相对完整地段成片加以维修恢复，保持原有空间形式及建筑格局。

风貌协调区13.2hm²，保护范围为：新建儒林古街组团、水沟前路居住组团、田候路小学居住组团、宏康路居住组团。保护措施：最大限度地保证街区历史风貌的完整性，将范围内核心保护区以外的部分划

为风貌协调区；在此范围内的更新改造建筑，遵从"体量小、色调淡雅、不高、不洋、不密"的原则，建筑形式在不破坏街区风貌的前提下，可适当放宽。

（2）保护方式

①历史建筑修缮保护

以历史建筑和不可移动文物为中心，划定维修和保护范围，结合建筑功能及原有形制，进行维修整治，保证建筑的安全使用性能。

②有依据的复建

田侯历史街区保护范围内的街肆包括田侯路街肆、水沟前街肆、高峰坡街肆、仓口街肆。其中，田侯路、水沟前、高峰坡三大街肆依记载以清代风格进行复建，并对水巷塔路的王家祠堂及聚落式民居群、圣恩堂路的明清丐帮聚落式民居群等建筑复建。

③古城名胜基地内重现

据《吉安府城图》（清）记载：西原会馆、圣恩堂、能仁寺等历史建筑在基地内，而忠节祠、福善亭等历史名胜就在基地周边。规划将这些历史名胜结合圣恩堂、能仁寺等公共建筑重建于街区内。

（3）保护更新模式

结合现状建筑调查，从建筑风貌、建筑质量、建筑高度、建筑年代等方面对现状建筑进行评价，将历史街区的现状建筑划分为三类，各自采取不同的保护与更新方案。保护与更新过程注重小规模、渐进式的"微更新"模式，及时停止大规模成片改造开发。

① 保护修缮（约26栋）：对属于历史文化遗产的文化建筑，根据其历史文化风貌和环境价值，严格保护、修缮，修旧如旧。

田侯路88号

水巷17号

②保留改造（约71栋）：对建筑质量一般但传统风貌较好的建筑，可对其内部及外部结构进行改造，但传统风貌格局不变。对一些建筑质量完好、设施配套但与传统风貌不协调又难以马上拆除的新建筑，可对其外部形象进行修缮，以达到与传统风貌相协调。

③拆除新建（约314栋）：对违章搭建和结构简陋、质量很差，风貌一般，没有保留价值的建筑予以拆除，并按照传统风貌予以新建。

2. 空间肌理延续

（1）空间肌理

通过对现状肌理的梳理，保留质量较好、风貌较好的建筑，在此基础上对保留的建筑空间进行肌理植入，顺应地块原有肌理。

（2）街巷结构

完善古城街道体系，编织街巷结构。水巷、田侯路、高峰坡路及圣恩堂路是吉安市明清时代遗留下的传统街巷，空间尺度宜人。这些街巷在明清时期都极为繁荣，但现状环境较差。结合全新的商业功能需要，设计出脉络更加清晰的街巷结构，对游客有更好

的引导性。

（3）开放空间

结合重要公共建筑，营造开放空间。拆除部分老旧建筑，结合重要历史传统建筑和规划公共建筑，设计开放的城市空间，改善街区整体环境的同时提供公共活动场地。

（4）院落空间

打造"街区+院落"空间形式。院落是中国民居的重要组成部分，以院落为基本单位，拆除质量较差的建筑，把封闭在内的院落打开，恢复原有空间，实行"微循环式"保护与更新，有效遏制采取大规模危旧房改造方式对文化的破坏，保持原有院落布局和街巷肌理。同时尽可能地发挥商业价值的要求，对外部空间进行功能组合和环境布置，保证原有建筑风貌和建筑装饰得以保留，创造更加宽敞的户外就餐和公共活动的空间。

3. 在地文化激活

（1）在地文化激活方式

①文化传承：传承庐陵文化、手工业文化、赣式文化、非遗等传统文化，打造非遗聚落；保留传统

历史建筑，功能修复。

②文化再现：再现古时商贾文化、市井文化、丐帮文化、书院文化等，再造古戏楼、西原会馆、诗人堂、丐帮聚落等名胜建筑。街巷空间点缀富含地域文化的雕塑小品。

③文化植入：植入食宿文化、休闲文化、创意文化等，古今结合，丰富内部功能。

④文化创意：以文化为元素，融合多元文化，对文化资源进行创造与提升，增强文化体验性，促进产品的附加值。

（2）文化要素的挖掘与利用

从食宿观娱购验等旅游要素出发，实体旅游产品和文化节庆表演等相结合，为游客提供多维旅游体验，打造精品旅游。将文化与现代业态、现代功能有机融合。从名称由来、历史渊源、建筑风格、民俗风俗、艺术特点、文化寓意、审美效果、诗文楹联、典故传说、名人效应、吸引功能、领先地位和个性特色等方面来精心挖掘和提炼，提升旅游景区文化内涵。

（3）三大集群体现文化要素

①民间博物馆集群：民间博物馆主要展示吉安当地有历史价值的东西，主要包括茶文化博物馆、

14-17.典型老建筑改造样式

酒文化博物馆、家具博物馆、陶瓷博物馆、服饰博物馆、古玩博物馆等，从不同角度、不同方面，更加丰富、生动地展示老吉安历史文化、民俗习惯。

②非遗聚落集群：作为吉安历史积淀最多的传统街区，田侯历史街区最能代表和展现吉安历史和文化的多样性和丰富性，主要策划吉州窑制陶、剪纸等传统艺术的演艺展示和传统工艺的作坊展览。吉安市下辖1市2区10县，民间手工制作业历史悠久，通过街区商业业态策划，将每个县市的传统手工艺分散布置到规划街坊中，形成一县一坊（庐陵十三坊）、一坊一院的格局，使得非物质文化遗产得以在现实生活中应用与发展。

③地方文创集群：着力挖掘吉安深厚的历史文化积淀和独特自然生态资源，融入具有庐陵特色的文化创意元素，开发一批具有浓郁庐陵地方特色、适应市场需求的旅游文创新品，打造具有庐陵地域特色的旅游文化创意产品。

4. 城市风貌重塑

（1）传统赣中民居特征研究

①平面：赣式民居基本构成平面类型：天井式—天井院—独栋。

②内立面：内立面由木作门窗隔扇构成，梁架、柱础、壁面及天花细节丰富。

③外立面：风火墙是外立面最大的特征，为平行阶梯跌落的造型，多为"三山""五山"式的形式。由于江西推崇"四水归堂"的风水理念，所以屋顶大多为坡向天井的内排水形式。门廊门罩的入口形式丰富了外立面变化，有门罩、门楼、门斗、门廊四种形式。

④色彩：赣中民居以黑灰白褐为主色，土黄、土红为辅色，具有素雅和谐的色彩意象，并有点线面构成的韵律美。住宅外立面色彩主要以砖灰墙、黛瓦、檐口及马头墙上睑白线条为主；内立面色彩以木色、褐色为主；街墙以黑瓦、灰色青砖墙、白色檐口为主，搭配少量土黄色砖。

（2）风貌策略与建议

田侯历史街区具有丰厚文化底蕴，在该区域的保护更新与过程中，要注重老照片的收集，建筑忠实原貌，留存历史记忆。针对历史遗存，基于对建筑文物"原真性"的保护，修旧如旧还原庐陵风貌；针对新建建筑，以古建筑为母题，采用古旧材料，风格上保持质朴素雅，防止一味追求在形式上复古。形成既能与历史建筑协调，又能满足现代功能的新赣式风格建筑；针对现状多层高层难已拆除建筑，在建筑色彩及建筑风格上做到与其他建筑雅致和谐。

三、结语

城市历史街区往往是老城边缘的棚户区，作为城市历史文脉的空间载体，散落在街巷内部的有价值历史建筑年久失修，建筑本体损毁严重。尤其是一些以居住功能为主的历史建筑，由于原住民保护意识淡薄，为改善居住条件随意拓展生活空间，造成历史街区的建筑风貌杂乱，传统街巷空间肌理亦遭到破坏。如何对这些历史街区进行保护和更新是目前很多城市需要面对和思考的问题。本文以田侯历史街区保护与更新规划实践为例，从历史遗存保护、空间肌理延续、在地文化激活、城市风貌重塑四大维度探讨了历史街区保护与更新的模式与策略，以历史建筑为核心划定保护范围，分类别进行保护修缮；以"院落"为单位小规模渐进式的进行保护与更新，延续街巷空间肌理，结合公共建筑营造开放空间提供公共活动场所；深入研究当地传统建筑风格，注重对历史建筑"原真性"的保护，重塑城市风貌；通过非遗聚落集群传承在地文化，项目策划注重历史建筑原有功能的延续与转换，将历史文化与商业开发有机结合，借助历史文化资源将街区打造为城市旅游的新名片。

参考文献

[1]孙施文.周宇.上海田子坊地区更新机制研究[J].城市规划学刊，2015(1):39-45.

[2]凯文.林奇.城市意向[M].北京：华夏出版社.2001.

[3]阮仪三.中国历史文化名城保护规划[M].上海：同济大学出版社.1995.

[4]王健，刘爱华.基于文化生态视角下的庐陵文化形成及其衍生演变[J].江西广播电视大学学报.2013 (2).

[5]潘莹.江西传统民居的平面模式解读[J].农业考古.2009(6):197-199.

[6]王军.城市文脉传承之道[DB/OL]. http://blog.sina.com.cn/s/blog_47103df60102vpix.html.2015-03-15.

[7]伍江.城市有机更新[J/OL].规划中国.2017-09-13.

作者简介

孙 健，理想空间（上海）创意设计有限公司，工程师；

孙旭阳，同济大学建筑设计研究院景观工程院，所长，高级工程师。

上海里弄建筑保护与发展的实践思考
——以上海东斯文里为例

Practice and Reflection on the Protection and Development of Shanghai Lilong
—Shanghai Dong Siwen Li as an Example

王慧莹 莫 霞
Wang Huiying Mo Xia

[摘　要] 　上海的里弄建筑是特定历史时期的产物，是上海城市的名片，与上海城市中大量居民的生活息息相关，它作为曾经上海现代性样本而存在，但如今面临着城市发展路径的抉择。本文重点从上海里弄街区保护与发展的意义，目前所面临的居住需求难以满足、商业化过剩等困境进行分析，同时借鉴国外对于构成城市肌理的一般历史建筑保护发展方面的理念、方法与措施，以上海东斯文里为例，探讨上海的一般里弄建筑在规划保护理念、规划操作手段和参与方式与方法等方面的创新与思考。

[关键词] 　里弄建筑；保护与发展；实践思考

[Abstract] 　Shanghai Lilong is the product of specific historical period, the name card of Shanghai, and closely related to a large number of residents in Shanghai city life. Once it was the Shanghai modern samples, but now facing the city development path choice. This paper analyses the importance of Shanghai Lilong's protection and development and the plight currently facing, using the overseas experience of the concept, methods and measures of the general historical buildings protection. Taking Shanghai Dong Siwen Li As an Example, discusses the innovation and Reflection of the planning means and methods of Shanghai Lilong building.

[Keywords] 　Lilong Building; Protection and Development; Practice and Reflection

[文章编号] 　2018-79-A-100

一、上海里弄建筑保护与发展的意义

1. 构成上海特色的城市肌理

　　上海里弄建筑的出现与发展是与租界的演变以及人口的迁移同步进行的，形式上是中国传统四合院与西方联排住宅的相融合的产物，到1949年为止，里弄居民与发展为上海分布最广、数量最大、居住人口最多的住宅类型。据统计，在当时市区82.4km²范围内，里弄总数约9000余处，住宅总建筑面积2 359万m²（数据来源：《上海建设（1949—1985）》，上海科学技术文献出版社，1983），构成了当时上海市区的密实有序的城市肌理。

2. 塑造上海人的生活方式

　　上海的里弄建筑是一个具有历史性独特的居住空间形态，它对上海一个多世纪来的地方文化形成和上海人行为准则和价值观念具有重要的影响。里弄空间是一个平等、开放的交流空间。过去的夏天晚上，大家喜欢在弄堂里乘凉，里弄成了居民们拉家常、交流讨论的空间；冬天老人们喜欢坐在门外晒太阳，里弄又有着街道眼的作用；里弄中的居民彼此熟识，互相帮助，与现在高层住区的邻里关系有着天壤之别。从会学的角度上，里弄比起城市中形式各异的居住类型更具有"开放、包容、多元"的现代性，一代一代的人把自己生活的痕迹交叠在里弄建筑上面，可以说里弄建筑塑造了上海几代人的生活方式。

3. 记录上海的历史与文化

　　众多与国家命运相关的大事和名人故居都与上海里弄相关。比如中共一大会址见证了中国共产党的诞生，吴昌硕、何香凝、陶行知等各行名人都曾居住在上海的里弄中，其中最有名的要数多伦路区域周边的里弄，曾居住过茅盾、鲁迅、丁玲、叶圣陶、郭沫若等多位文化名人，可以说是20世纪二三十年代文化界的大本营。由于众多文人居住，文学中还有众多对里弄的描述，给里弄赋予了更多文学艺术上的魅力。

　　因此，上海的里弄不仅是物质形态上的，更在历史发展中逐渐赋予了更多的内涵，记录了上海的历史与文化。

二、上海里弄保护与发展所面临的困境

　　里弄建筑曾经被上海人认为的理想居住空间形式，一种既适应当时城市房地产开发规律又同时满足传统生活方式和现代生活需求的城市居住类型，现在却沦落到与棚户区相提并论的改造对象，成为城市旧城改造的重点之一。总结来说主要有以下四方面原因。

1. 基本生活需求难以满足

　　由于上海的里弄建筑起源于兴起于19世纪60年代，由于租界人口急剧增加，住房问题日益突出。租界为接纳难民，动员商人投资建设这种密度高，小中西结合形式的住宅。到解放以后，由于里弄的所有权发生了重大变化，原先独门独户的里弄住宅住进了多户，里弄住宅超负荷使用，使得里弄住房不仅人均居住面积水平低，配套设施的数量和质量也远低于上海市的平均水平。1999年上海市的人均居住面积已经达到10.3m²，其中市区人均居住面积9.3m²，而旧式里弄区的人均居住面积仅为5.8m²，远远低于上海市的平均水平。

　　里弄住宅就算通过改造后，其仍然偏高的居住人口密度，无法满足居民们的日常生活要求。因此，研究里弄住宅疏解改善的政策是确保里弄居住能保留居住功能而不被商业化的前提。

2. 商业化的驱动力

　　除居民本身对于居住生活改善的内部诉求外，商业开发是导致大量里弄住宅消逝的外部驱动力。如众所周知的新天地的保留与开发，在20世纪90年代中期，还基本都是肌理紧密的上海里弄，新天地的开发其实是太平桥改造规划的一部分，太平桥项目在59hm²的项目总开发中保留了2hm²左右的里弄建筑，随着周边新建高价高层住宅不断建造，周边大量里弄建筑被成街区地拆除，街区整体的肌理发生了巨大的改变。因此，新天地从商业的角度是成功的，但从城市历史保护的角度却是一个失败的案例，过于商业化的包装使得地区的历史和

文脉的原真性受到一定程度的破坏。

3. 缺乏法律法规保障

多年来，上海历史建筑的保护更重视对如宗教、金融、文化、办公、医院、学校等公共建筑的保护，较少将保护的目光放到里弄这一一般的历史建筑群上来。如始建于民国3年的西斯文里，建成之初主要入居者为社会中产阶级，但抗战时难民的涌入，逐渐改变了斯文里居住阶层结构，环境的衰败使得西斯文里纳入了旧区改造对象，最终在上世纪末被拆除。一路之隔的东斯文里命运就与西斯文里的命运大相径庭，原本规划需要拆除的建筑通过评估被进一步纳入了历史街坊得到了保留。

4. 缺乏里弄住宅更新的相关制度

对一般里弄建筑除了缺乏相应的法律保障之外，还缺少相应制度支撑，比如最有名的历史街区更新"自下而上"的样本的上海田子坊，最初是一个面临拆迁改造的石库门里弄，由于房地产市场的变化，动拆迁成本的进一步高企，居民对动拆迁利益诉求和反抗、市政府对创意产业园的支持、学者对于城市历史文脉保护的呼吁、社区组织在更新中的积极参与等各种合力共同营造了田子坊能生存下来的环境，才逐步成为一个居住、商业和旅游时尚交融的新地标。

然而由于缺乏里弄住宅更新的相关制度，先行的房地产开发制度又限制了居民自主的更新行为，由此构成了田子坊地区更新进程中的最大矛盾，面临了老城区更新、文化创意产业区发展、社区再生、产权"居改非"等问题。因此说田子坊是个幸运的特例，但更多的里弄住宅由于种种限制无法找到生存下去的路径而消失在历史的长河中。

总体而言，内部的居住需求无法满足，外部商业的驱动，同时缺少相应的法律保护和更新制度支撑，使

得代表上海城市发展脉络和肌理的里弄住宅地区，在过去25年间减少了近六成，面临着巨大的生存危机。

三、东斯文里规划实践的特点

东斯文里作为上海里弄建筑保护与城市更新的新样本，主要在保护理念、规划手段和参与方式上具有一定的借鉴，同时也给未来的里弄建筑保护与发展实践留下一定的思考。

1. 保护理念的巨大进步

东斯文里位于静安区东北部，地处上海中心城区的核心地带，距人民广场和南京路市级商业街仅1km，区位条件优越。东斯文里所在的街区在近代史上属公共租界区，初名"忻康里"，为民国初年英籍犹太人所建，后房产几经转手，最后归斯文洋行所有，改名为东斯文里和西斯文里，是上海规模最大的旧式里弄之一。"八一三"事变后，杨浦、虹口及闸北等地市民纷纷向苏州河以南迁居，斯文里一带人口骤增，成为全市闻名的人口高密度地区之一。

东斯文里除曾是上海最早的成片中式石库门建筑群，里弄规模较大且保存相对完整，除有较高的历史及文化价值外，在上海市历史风貌区扩区深化中还被列为"里弄住宅风貌街坊"。东斯文里南侧的街坊拥有"澎湃烈士在沪革命活动地点""中国劳动组合书记部旧址陈列馆"及"小德肋撒天主教堂"共三处市级文物保护单位。除此之外，围绕小德肋撒天主教堂的安顺里、培德里等里弄也是具有一定历史风貌的成片石库门里弄建筑。

在2007年编制的控制性详细规划，对东斯文里的功能定位为现代服务业产业园，用地性质为商办用地，即如果按原规划执行的话东斯文里将全部拆除。因此，

东斯文里从需要拆除更新的街区，转变为保护和保留的历史街区，首先是一个城市历史保护观念进步的体现，将原来的"拆改留"的发展策略转变为关注历史与城市肌理的"留改拆"，把里弄等普通建筑跟城市文化的关系放在一起通盘考虑，可以说是保护理念的一大进步。

在2017年7月12日的绿色建筑国际论坛上，上海市住建委透露在目前上海已经完成历史保护建筑的普查，结果显示中心城区有730万㎡里弄房屋需要保留保护，而剩余仅80万㎡里弄房屋没有保留价值而将拆除，也就是说上海将加强对50年以上历史建筑的保留保护工作，意味着未来这种对一般历史建筑的保护思路会成为上海城市发展的新常态。

2. 灵活弹性的规划手段

东斯文里虽然被保留了下来，但由于上海中心城区寸土寸金，对于保留后的转型和发展需要大量的资金支持，尤其像静安别墅、步高里等仍然以居住为主要功能的里弄街区，基本都由政府出资修缮与改造，而政府的资金来源很大一部分主要来源于土地财政，街坊的保留一方面无法获得原规划的高开发量的土地出让费用，反而需要付出数目不小的对里弄修缮与改造费用，往往使得里弄建筑的保留在经济层面操作困难，难以为继。

在东斯文里的规划调整中，考虑到需要抢救性保留石库门里弄等历史建筑的因素，又要能在经济上可操作，上海市规土局已明确保留的历史建筑总量作为奖励，不计入原地块容积率。在规划核定的地块开发容积率不变的前提下，同意综合平衡周边街坊容积率，通过深入研究平面布局和专家论证等方式，最终确定建筑容量和高度的分布。

其实这种区域内部平衡的开发权转移在美国等西方国家作为一种比较成熟的规划手段，在城市风貌保护、公共环境品质改善、生态环境保护等方面发挥着重

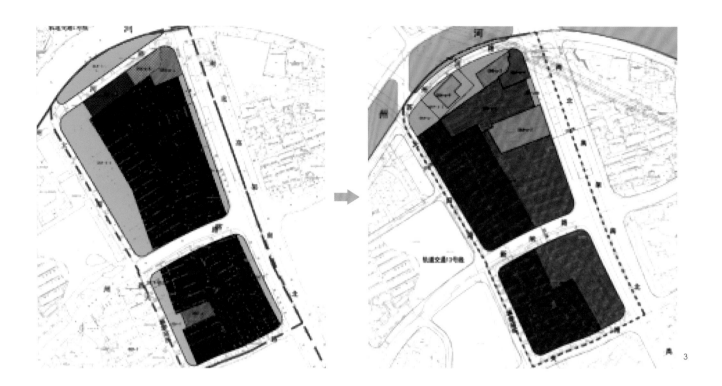

3.原控详与调整后图则对比
4.上海高目方案
5.瑞士Lemanarc事务所方案
6.David Chipperfield事务所方案

要作用。但上海针对历史建筑保护的开发权奖励的规定是2015年才有的,根据《上海新的城市更新实施办法》第十七条(四),"按照城市更新区域评估的要求……增加风貌保护对象的,可予建筑面积奖励"。

因此,建立风貌保护开发权转移机制是对历史街区和一般历史建筑进保护非常的一部关键,大大增加了规划实施的可操作可实施性,同时通过这种弹性机制化解了新老建筑的保留与开发的矛盾,将历史保护转化为规划亮点。

3. 多元化的参与机制

田子坊能够得以保留的很大一块源于在其更新过程中能调动社会各类资源,不断扩大利益团体,争取到居民、艺术家、商户和消费者以及城市学者、建筑师、历史保护者、各类媒体及不同层级的政府部门的支持。历史街坊的更新中要考虑未来更新与发展的各个阶段的集思广益与多元参与。

在本次东斯文里的保护中,仅仅在规划设计阶段就进行了广泛的意见征集与设计参与。一开始邀请上海章明建筑设计事务所进行了东斯文里地区的历史、现状调研,由上海交通大学城市更新保护创新国际研究中心对整个东斯文里的街坊风貌进行了评估,在方案阶段则邀请了Ben Wood事务所、David Chipperfield事务所、瑞士Lemanarc、上海高目等五家设计公司进行了

方案设计,经过郑时龄、周俭等多位专家评定,最终由选定大卫·奇普菲尔德建筑事务所的方案进行深化,方案提出对里弄整体在人步行尺度范围内的肌理延续,以及对里弄沿街界面的延续,通过在东侧、南侧扩大范围的里弄地块内插建高层建筑,进行周边地块总容量平衡研究,从而延续城市空间记忆。

东斯文里在未来的规划实施阶段则会有更多的以市场为主的公司企业参与到建设过程中,经历了建业里争议、巨鹿路违拆事件后更多的媒体(包括自媒体)也会对历史风貌保护加以监督。

四、东斯文里规划实践的思考

东斯文里在规划实践中也有不少值得反思的地方。首先,由于东斯文里之前是明确拆除的地块,居民基本都已经迁出,但更多的里弄还是以居住为主,并且居住在里面的人有部分也不愿意迁出,因此有没有可能从新的规划理念、实施机制,以及保护基金等方面保留原住民,同过适当改善,能让一部分居民继续居住在原地,同时不排除部分改变适当的功能;若住户愿意完全搬迁的也可将这部分里弄改作青年公寓、保障性住房或艺术家工作坊等以居住与文化为主的功能,保留其原真性。

其次容积率转移的方式也有待探讨,城市的历

史地段一般位于城市中心区,普遍存在建筑密度较高、建设强度高、新增用地有限的情况,如果开发权就近转移,很容易造成传统的风貌街区附近高楼林立,对风貌会产生较大负面影响。因此建议开发权的转移应当综合考虑地价、风貌影响等综合因素在城市的更大范围内实现,减少对风貌区的空间压迫。

里弄建筑是上海历史的叠加与文化的共生,目前无论是以改善型修缮模式为主的步高里、静安别墅,以商业模式为代表的新天地、建业里,还是以商住混居模式为代表的田子坊都各有优缺,没有一个能达成社会共识。希望通过类似于东斯文里的上海里弄保护与更新,不断地摸索,积累经验,探索里弄保护与更新的新途径。

参考文献

[1]郑时龄.上海的建筑文化遗产保护及其反思[J].建筑遗产, 2016(1):
      10-23.

[2]竹子.濒临消失的文化财富——赏析《上海里弄街区的价值》[J].中华
      建设, 2015(1):60.

[3]吕晓钧,卢济威.《上海里弄保护更新的一种模式探索——西王家库
      地块里弄的保护与更新》[J].新建筑,2003(2):10-12.

[4]孙施文,周宇.上海田子坊地区更新机制研究[J].
      城市规划学刊,2015(1):39-44.

[5]张松.历史城市保护学导论—文化遗产和历史环境

保护的一种整体性方法[M].上海:上海科学技术出
版社.2001.

[6]王静伟,曹永康,吴俊.上海市浦东新区登记历史建筑
的分级保护策略研究[J].华中建筑,2011.130-132.

[7]刘春瑶.美国历史建筑保护与更新的财政激励政策
与实践研究 [J].时代建筑,2017 (1):154-158.

[8]林沄.上海里弄保护与改造实践述评[J].建筑遗产,
2016(1) : 12-20.

[9]刘敏霞.历史风貌保护开发权转移制度的实施困境
及对策——以上海为例[J].上海城市规划,2016
(5):50-53.

作者简介

王慧莹,华东建筑设计研究院有限公司规划建筑设计
研究院,城市更新研究中心,高级设计师;

莫　霞,华东建筑设计研究院有限公司规划建筑设计
研究院,城市更新研究中心,主任。

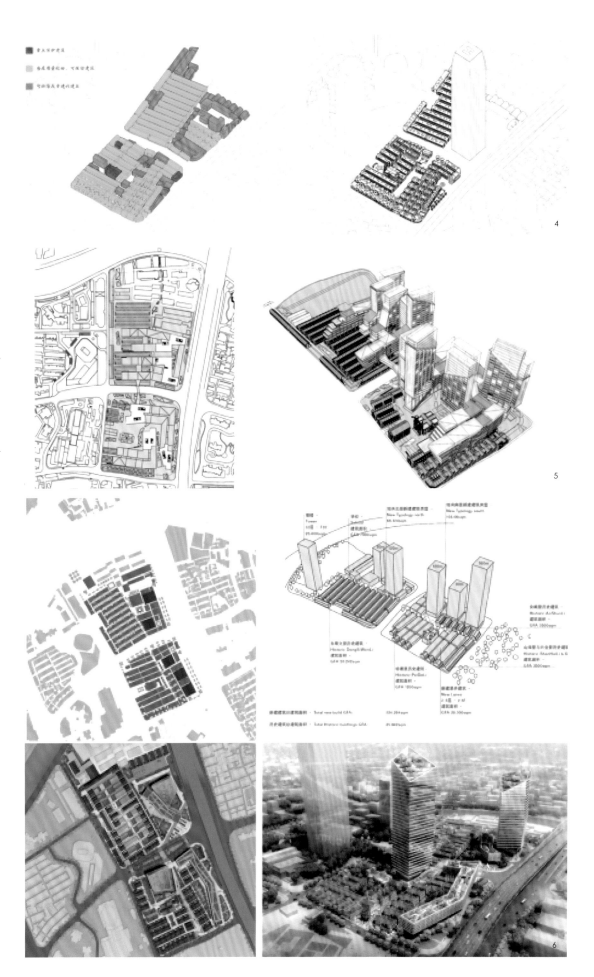

多主体主导下的上海九星市场更新博弈
Shanghai Jiuxing Market Renovation Game Under Multi-agent Dominance

孙晓敏 张晓苻 刘 珺
Sun Xiaomin Zhang Xiaofu Liu Jun

[摘 要]　本文以上海九星地区的转型更新为例，围绕开发量的博弈、利益分配的博弈、公共利益的博弈探讨旧城更新的重点环节。摸索协商式规划的工作方法，即从一轮规划蓝图到多轮次规划协商，从关注空间塑造到关注利益协调，从技术理性到现实理性，从追求完美方案到完美过程的不同规划路径。探讨规划师在旧城更新中的角色转换与价值。

[关键词]　更新；博弈；协商

[Abstract]　Referring to transition and updateof Shanghai Jiuxing area as a case and focusing on competition in terms of development capacity, profit distribution and public interest, the paper discusses key links of old city renewal, and explores a work method related to consultative planning, namely evolving from a round of blueprint to multi-round planning and consultation, from concerning about space creation to interest harmony, from technical rationality to reality rationality, and from pursuing perfect solutions to different planning ways for perfect process. Planners' role transitions and values in old city renewal are also studied.

[Keywords]　Renewal; Competition; Consultation

[文章编号]　2018-79-A-104

　　城市更新多发生在特大城市的中心城区，只有当土地资本价值严重高于现状情况时，资本导向的城市更新才会寻租般的出现。上海、深圳、北京的旧城更新的模式都不尽相同，深圳有NGO团体、各式机构、甚至个人参与的自下而上更新，最成功的例子就是华侨城，已经获评未来文化遗产。北京也会有企业导向的自主更新，最典型的例子是中关村。而上海伴随着全球城市目标追求，中心城区更新往往采用自上

而下的模式，那些曾经较为破烂、低效的地方，正被洗刷成为新的城市地标，褪去其原本的胎记，其中最能代表上海更新模式的莫过于九星。本次交流以九星建材市场的更新改造为契机，分享该项目9年的更新历程，多主体的博弈焦点，探讨规划师在其中的价值、立场，以及服务主体从单一到多元的情况下，如何兼顾、协调多主体利益，争取各方共识，逐渐走向实施的规划方法。

一、更新之路缘起

　　九星位于上海市闵行区，紧邻外环，是华东规模最大、品类最全的建材批发市场，用地面积1.3km²，建筑面积80万m²，内有商户约2.5万人。自1998年营业，至今已有18年。

　　九星的前身，是一片村集体建设用地。随着其所在的闵行外环地区翻天覆地的变化，一路之隔的九

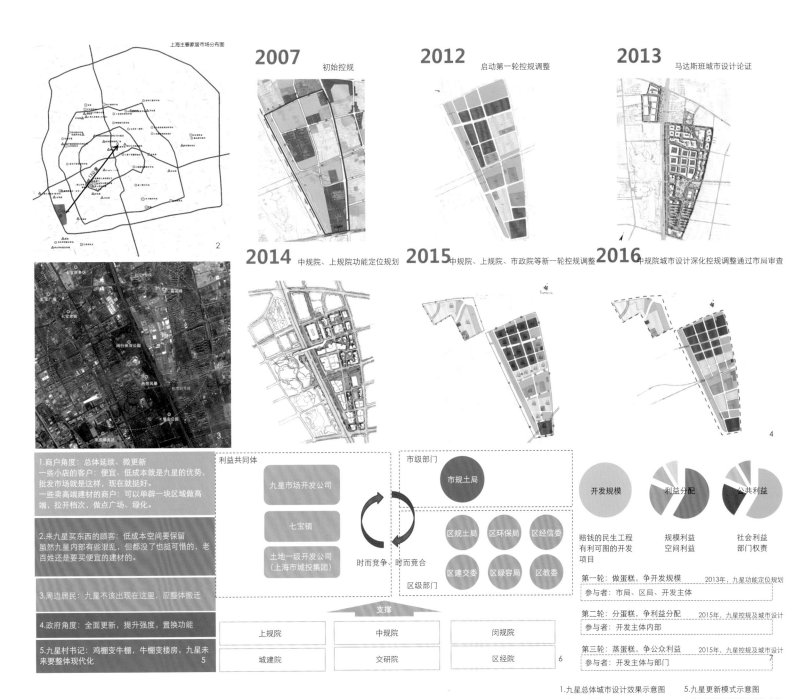

上海主要家居市场分布图

2007 初始控规

2012 启动第一轮控规调整

2013 马达斯班城市设计论证

2014 中规院、上规院功能定位规划

2015 中规院、上规院、市政院等新一轮控规调整

2016 中规院城市设计深化控规调整通过市局审查

1.商户角度：总体延续、微更新
一些小店的客户：便宜、低成本就是九星的优势，批发市场就是这样，现在就挺好。
一些卖高端建材的商户：可以单辟一块区域做高端，拉开档次，做点广场、绿化。

2.来九星买东西的顾客：低成本空间要保留
虽然九星内部有些混乱，但都没了也挺可惜的，老百姓还是要买便宜的建材的。

3.周边居民：九星不该出现在这里，应整体搬迁

4.政府角度：全面更新，提升强度，置换功能

5.九星村书记：鸡棚变牛棚，牛棚变楼房，九星未来要整体现代化

利益共同体

九星市场开发公司
七宝镇
土地一级开发公司（上海市城投集团）

市级部门
市规土局
区规土局 区环保局 区经信委
区建交委 区绿容局 区教委
区级部门

时而竞争 时而竞合

支撑
上规院 中规院 闵规院
城建院 交研院 区经院

开发规模
赔钱的民生工程 有利可图的开发项目

利益分配
规模利益 空间利益

公共利益
社会利益 部门权责

第一轮：做蛋糕，争开发规模   2013年，九星功能定位规划
参与者：市局、区局、开发主体

第二轮：分蛋糕，争利益分配   2015年，九星控规及城市设计
参与者：开发主体内部

第三轮：蒸蛋糕，争公众利益   2015年，九星控规及城市设计
参与者：开发主体与部门

1.九星总体城市设计效果示意图
2.九星区位图
3.九星卫星影像图
4.九星规划历程演变图
5.九星更新模式示意图
6.九星相关开发管理实施主体
7.九星争论焦点示意图

星还处于过去原始的建材市场形态，三合一商铺的安全隐患，内部人行、小汽车、货运地面交织带来的地区的交通，给城市外环带来了严重交通拥堵，噪音对居民区带来的环境干扰，以及原始业态产出低的问题均逐渐显现。

二、转型模式的讨论

由此，自2007年九星地区的改造更新就被提上议事日程，而在更新改造之前，也曾有过关于更新模式的大讨论。

1. 关于更新模式的大讨论：渐进针灸式or整体全面更新

关于怎么改、怎么更新当时成为当时讨论的焦点。项目组针对九星商户、顾客、周边居民等多类人群进行了调研访谈。整理多方想法，关于更新模式的讨论总体分为两大派。一派倾向于针灸更新型，渐进式分阶段推进。环境整治、内部街巷、局部空间进行改造，植入绿地、广场空间等。一派倾向整体更新型，推倒重来。全面更新，构建新的空间、新的功能、新的形象。

2. 突发安全事件：渐近更新被否决，全面更新推进

正当各方还在为九星未来更新模式争论不休时，2009年、2012年、2013年九星发生了三场严重火灾，内部商铺多处损毁。同时随着周边居民投诉的不断升级，周边地区交通拥堵的加剧。重压之下，政府部门只能痛下决心，要求九星升级转型，自上而下全面更新。

三、多主体的多轮利益博

由此，关于九星转型的序幕正式拉开，自2007年起，九星共经历6轮规划设计，历时9年。而9年时间一

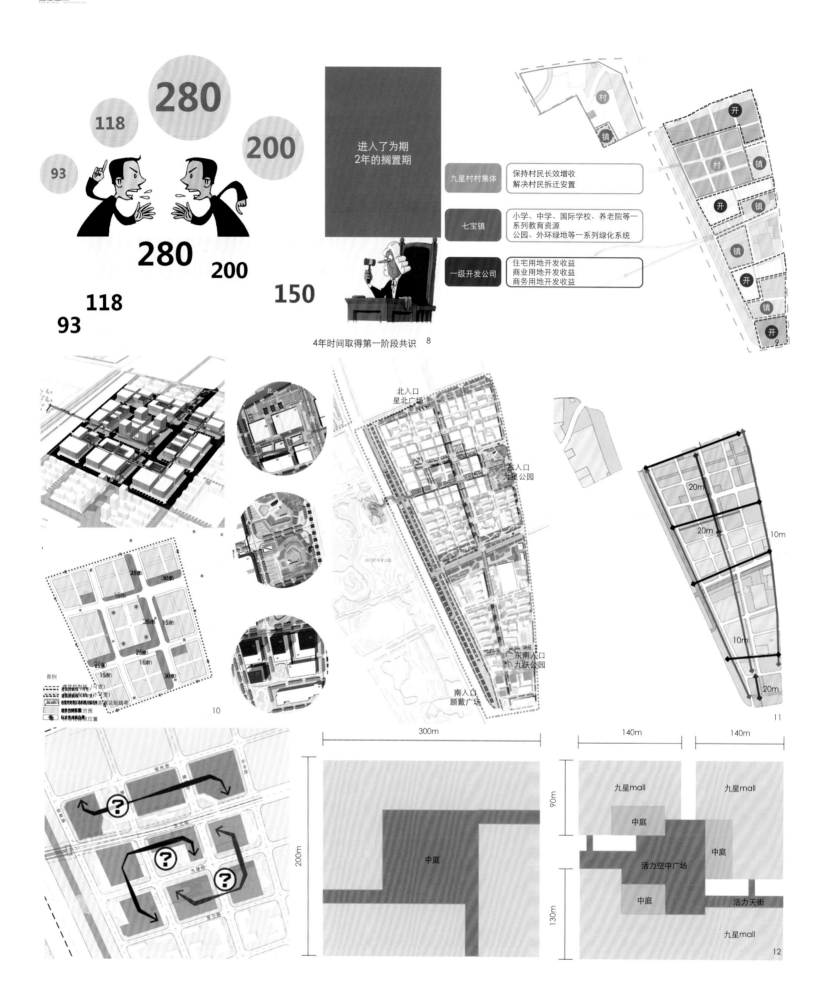

轮轮规划的背后，更是代表了不同利益与权责主体的多样诉求。

1. 九星的多主体诉求

由于集体土地性质的缘故，九星涉及三个最直接相关的利益主体。包括九星村集体、七宝镇，以及土地一级开发商。三方各有各的利益诉求，九星村要求保证集体经济收益，未来开发量分配中不能低于现状；七宝镇服务九星村多年，其诉求为解决镇里公共设施及绿地欠账；而土地一级开发商受市、区委托，希望取得基本的资金平衡，一定开发收益。与利益主体相对应的是负责监管的各部门主体，监管开发强度、公共空间、交通强度、绿地系统等。同时还有多家设计单位参与其中，在不同的规划中表达各自业主诉求与立场。这样的三方阵营，构成了此次九星规划的博弈圈子。

2. 三大争论焦点

而圈子里争论的焦点，主要围绕开发规模、利益分配、公共利益三个方面。其中开发规模的争论是此次项目中过程最漫长，争论最多，也是最关键的议题。而在开发规模确定后，面临的则是利益的分配，及公共利益的守护。围绕三方面的核心焦点的争论，九星的工作过程可以总结为三个阶段，即做蛋糕、分蛋糕与蒸蛋糕。

3. 博弈历程

（1）第一轮：做蛋糕——开发量的博弈

做蛋糕阶段，对弈的三方主要为市、区两级部门、九星开发主体。三方关于开发量的争论，就花费了4年的时间，以3个立场开展了3版规划。

第一版，2012年闵行区主导启动第一次控规调整。基于改善交通、提升环境品质的立场，此次规划将开发规模从现状80万m²提高至118万m²。市局通过审批，然而开发主体并不买账，规划难以实施。

第二版，2013年九星村与开发商主导开展概念规划。基于平衡拆迁成本与增加开发收益的立场，将开发规模从118万m²提高至280万m²。开发主体利益得到了最大化，但巨大开发量将造成更大的交通压力，在市、区级层面没有通过此方案。

第三版，2013年闵行区再次主导开展新一轮功能定位研究。基于切实推进地区改造的立场，综合业态、交通、开发成本等因素整合方案。将开发规模从上轮280万m²降低为200万m²，然而市局从部门权责的角度，认为在交通上仍将会加剧地区的交通拥堵，在管理上3.5容积率也将突破一般中心地区的开发强度规定，其倾向应进一步降低开发规模。

在缺少一个终极裁判方的情况下，关于项目开发量的争执难有定论，项目进入了为期2年的搁置期。直至2015年1月，终于有"大法官"解决了这一难题。站在全市总体利益的立场上，上海市领导提出"交通、开发强度突破等不能作为衡量项目是否上马的单一

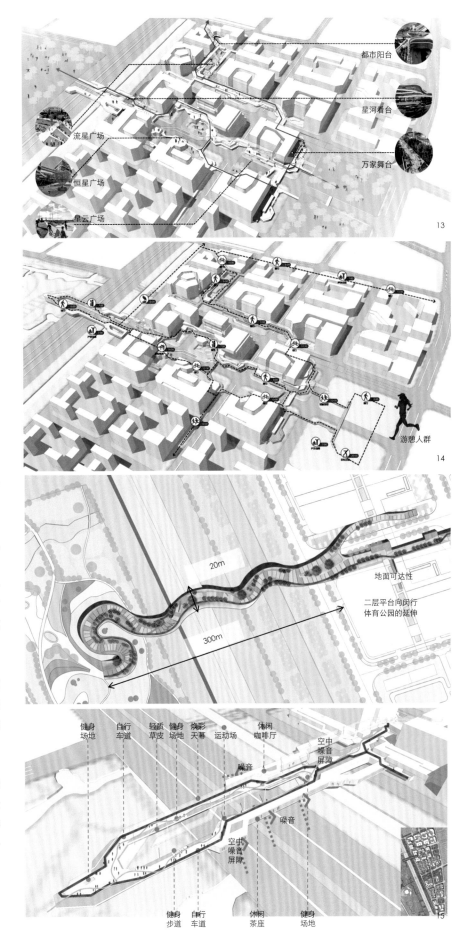

8.博弈历程示意图
9.九星土地利益示意图
10."十字+环"开放空间体系示意图
11.九星规划空间结构示意图
12-13."十字+环"开放空间体系示意图
14.多向链接通道示意图
15.跨外环景观桥设计示意图

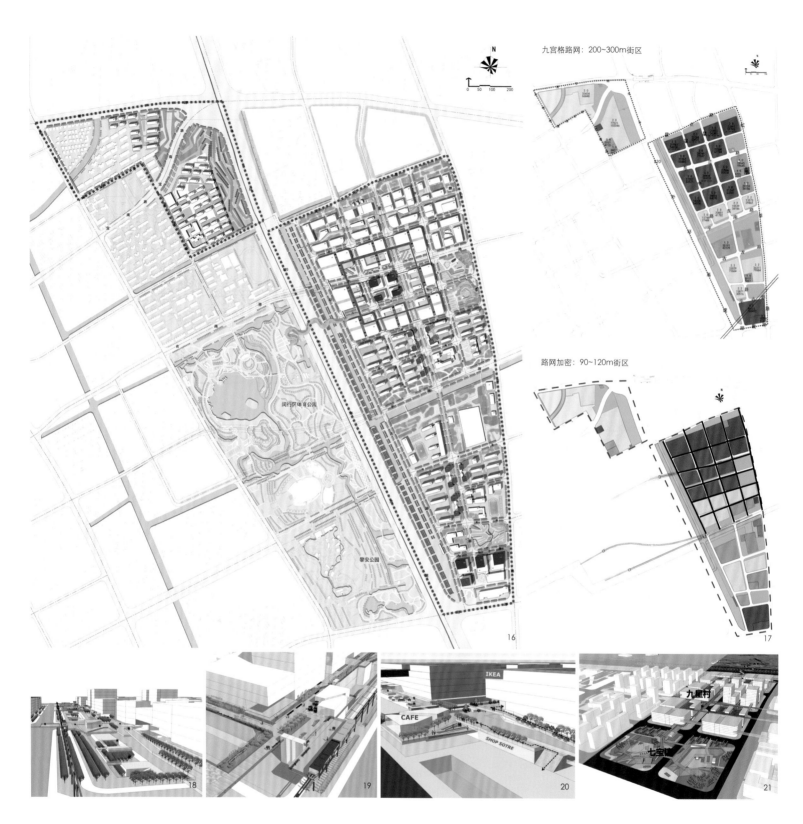

九宫格路网：200~300m街区

路网加密：90~120m街区

标准，项目的好坏、带来的整体效果是考虑的主要因素"，最终确定了外环以东开发总量为150万m²。

(2) 第二轮：分蛋糕——利益分配的博弈

总盘子确定好了之后，就迎来了分蛋糕的阶段。九星村集体诉求是未来分配给村集体的开发规模不能低于现状开发规模；七宝镇表示土地转为国有后，约1/4用地需求布局公共设施；而作为土地一级开发公司，要取得商办、商品房以及商业用地的开发权。

最终在控规阶段，由闵行区政府裁决了最终利益的分配。九星村如愿以偿拿走了最中央的九宫格地区；而七宝镇在其中配置了镇里亟需的各类服务设施以及公园绿化；土地一级开发公司获得南北临近地铁站的商业、商务用地，以及中部的住宅用地。在控规中一张简单的用地图，但在更新项目中用地图的背后

更是利益的分配图。

(3) 第三轮：蒸蛋糕——公共利益的博弈

在相关主体的诉求达成一致后，就进入到了部门与规划师守护公共利益的阶段。蒸蛋糕阶段的对阵方又变为了开发主体与市区两级部门，而规划师重新回归本色，站在部门与公众的一方，在困难重重的限定条件下，追求与优化公共利益。

16.九星总体城市设计平面图
17.小街坊路网示意图
18.入口公园改造意向图
19.观光小火车设计意向图
20.高线景观平台设计意向图
21.七宝公园改造意向图
22.九星核心区总体城市设计平面图
23.九星核心区总体城市设计效果示意图

①打破既有空间利益格局

构建开放绿地系统。东西向为连接古美社区与闵行体育公园，构建4条绿化轴带。南北向为连接南北两个地铁站，构建3条绿化轴带。在临近地铁站，古美社区界面设置3处入口广场与公园，在此基础上划定附加图则约束不同开发主体预控公共空间。

②打破既有均质化格局

打破九宫格地区9个均质化独立街区空间，塑造"十字+环"开放空间体系，在满足开发强度的基础上，推敲公共空间方案，纳入控规法定附加图则。

"商贸功能组群化，公共空间外部化"是根据人的一日体验的极限尺度，将三个商贸街区作为组织公共空间的一处组群，一处组群体间塑造一个核心公共空间，最终塑造三大核心广场+三大门户看台的核心空间。

③链接提高公共开放性

九星的东侧为人口稠密的古美社区，西侧为闵行区体育公园，规划设想构建东西向二层平台，形成东西向链接古美社区与闵行体育公园的链接通道，既能增强地区的公共开放性，又能链接社区居民与开敞空间，市民可以通过二层平台，慢跑、健步至闵行区体育公园，满足市民公共活动需求。

同时规划改造了九星市场里一座跨外环的老步行桥，利用原来步行桥的位置、桥墩等，设计一条跨外环，沟通古美社区与闵行体育公园的新景观桥，并要求九宫格核心区各相关地块预留景观桥接口。

④小街坊提升内部路网密度

为提升内部道路网密度，构建更为适合商贸建筑布局的形态，九宫格核心区对路网进行二次加密，从200~300m的街区，提升到90~120m的小街坊。

4. 阶段回顾

回顾9年间的四阶段，第一阶段4年时间纠结要不要更新、讨论更新的模式，第二阶段4年时间解决开发规模的争论，第三阶段1年时间解决规模利益的分配，第四阶段1年时间解决公共利益的守护问题，每一阶段都是通往下一阶段的必要条件。而从时间上来看，在自上而下式的更新中，最为关键和漫长的博弈就是关于确定开发规模、总盘子的议题，而内部的利益协商及公共利益的协调都较为顺利。

5. 项目进展：控规通过审批进入实施阶段，市场外迁16km

2016年2月，历经9年时间，九星地区控规终于完成审批，中规院上海分院参与其中3轮规划，跟踪5年时间。

而在完成项目审批后，2015年九星新市场外迁16km，于青浦重新开业，经营业务跟原九星基本一致，建筑面积20万m²，镇长热烈欢迎纳税大户的到来。同时2016年九星西侧地块拆迁，385处商户开始拆迁，安置地点选择在青浦，这似乎是这个故事的大结局。

四、感悟与困惑

1. 关于更新模式的困惑：自上而下更新的单一模式

中心城的大型市场搬迁，九星是第一家，但在中心城里还有很多可更新的空间，如位于中环边上的恒大、城大，以及城区内一些小的建材轻纺市场。这些位于中心城区里的市场，未来结局是否同九星一样，全部推倒重来？比如我们看到上海宜山路徐汇文定的改造，将老旧厂房改成家居创意广场，改造后的空间效果非常好，高端的家居品牌入驻；或者深圳华侨城、北京中关村都有不同的更新模式，上海中心城区更新改造是否可以有新的更新模式。

2. 自下而上更新遇到的困难：同地不同权

但是新模式确实困难重重，并非每个项目都能有选择自下而上更新的权利。虽然村集体与政府同样拥有土地所有权，然而村集体却没有土地处置权，比如最核心的土地出让权以及规划编制权。自下而上的旧城更新，要么村民具有高度的自发性，主动自下而上式的更新；要么领导的村集体公司具有强烈的改造意愿；要么有市场资本的介入，策划项目并就土地进行投资改造。但是大多数的村集体用地并不具备上述条件，更多没有条件的村集体用地，大多变得更加破败萧条，或者同九星一样最终划归国有，展开全面更新，纳入国有土地话语体系，从而拥有土地出让权、规划编制权。自下而上遇到的困难，需要的条件，法制化的支撑比自上而下的更新更难、更为复杂。

3. 规划师的角色与价值探讨：服务方、协调方、设计方

在更新项目中，规划师的角色也一直在转变。

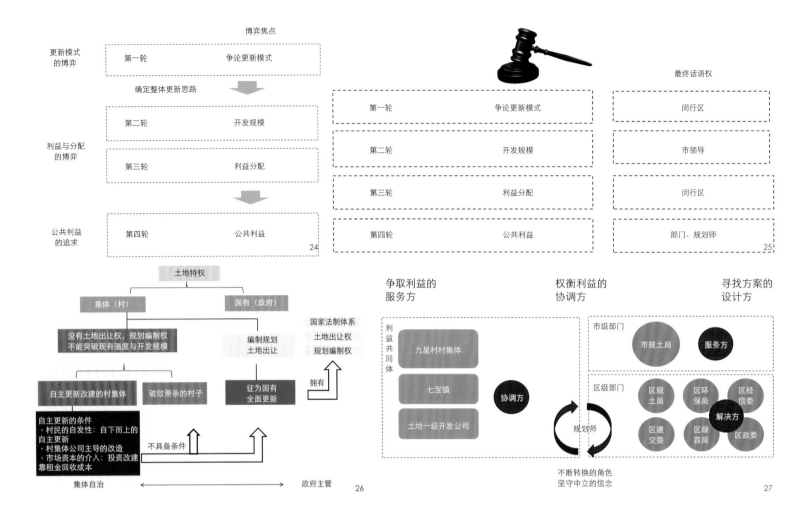

在第一轮做蛋糕阶段，规划师的角色更像是律师，依据自己的技术逻辑，规划师是为业主争取利益的服务方。在第二轮分蛋糕阶段，规划师通过控规、城市设计帮助区局进行空间利益与规模利益的协调，在这一阶段，规划师的角色更像是权衡利益的协调方。在第三轮蒸蛋糕阶段，当各级各类部门提出部门诉求以及公共利益诉求时，规划师的角色更像是寻找方案的设计方。

但在多方博弈更新模式、开发规模及利益分配时，规划从来都不是裁决方。只有在面对部门、守护公众利益时，规划师才具有一定的话语权。但并不是规划师的角色就不重要，在更新规划的不同阶段，规划师承担着不同的作用。在为业主争取利益的阶段，规划师能利用自己的技术最大化合理论证业主诉求。在多方利益权衡时候，规划师可以全面沟通、协调、均衡利益。在面对部门诉求以及公共利益面前，规划师具备全局观念，站在城市、市民、多主体的综合视角，实现多主体利益与公众利益的协调统一。

4. 面对博弈"协商式规划"的探讨

在一个仅有1.3km²的地区中，九年的规划博弈非常漫长。然而回顾这一历程，九年时间经历的四个阶段又是不可避免的，它的内部似乎潜藏着一种行事规则，即"自身诉求—多方博弈—判定结果—统一共识"。这是更新类规划多主体、多诉求的特点决定的，而适应此类特征和需求，也需要一些新的规划方法和应对。

（1）规划类型：从一个到多个，从一轮到多轮。不是仅仅一个、一轮规划就能解决所有问题，而是需要一系列、不同导向的多轮规划。

（2）服务主体：从单一到多元。委托方不再是唯一的服务主体，需要兼顾到多个利益主体、多个审批部门。

（3）规划视角：从关注空间塑造到关注利益协调。更新规划不仅落脚规划技术的合理性，更应关注利益的协调。

（4）规划方法：从技术理性到现实理性。完美的规划方案不是解决的主要方法。带着方案寻求认同、反复修改争取共识是逐渐向实施靠拢的最佳途径。

（5）规划追求：从"完美"方案到"完美"过程。从追求一个完美的空间方案，到追求完美的规划过程（多方协商、达成共识），最终通向实施、改变现状，是规划最终的目标，也是"协商式规划"的价值。

作者简介

孙晓敏，中国城市规划设计研究院上海分院研究室，城市规划师；

张晓蒂，中国城市规划设计研究院上海分院研究室，城市规划师；

刘 珺，中国城市规划设计研究院上海分院研究室，城市规划师。

24.九星多轮博弈焦点示意图
25.博弈轮次与最终裁决方示意图
26.同地不同权的村集体改造难度
27.规划师角色示意图

特区边缘之困
——探索产城融合背景下清水河片区的统筹更新路径

Urban Fringe's Dilemma in Special Economic Zone
—Overally Exploring Renewal Path of Qingshui River Area in the Background of Industry-city Integration

段希莹 刘中毅
Duan Xiying Liu Zhongyi

[摘　要]　一直以来清水河片区都属于城市中心区的边缘地区，这里有深圳市区面积最大的陆运仓储区和罗湖区规模最大的城中村，聚集了大量外来务工人员。庞大人口的落脚、现状用地的不足、公共配套的紧缺以及特区一体化以来重大交通通道对空间的占用，使这个处于特区边缘的城中村发展困难重重。近年来随着深圳整体空间格局的不断变化与旧区升级改造，清水河紧邻罗湖区中心区的区位优势不断增强，传统的产业功能也面临着颠覆性转型。在此背景下，项目组尝试运用片区更新统筹的方法，以产城融合为切入点，与清水河地区村集体、企业统筹协调，平衡利益，进而探索出一条可实施、可持续的更新路径。

[关键词]　边缘；城中村；仓储物流业；产城融合

[Abstract]　Qingshui River area has been on the fringe of urban central area all the time, where there is a biggest land storage area among Shenzhen and a largest urban village in Luohu District. This urban village, north to the warehouse area, consists of Zhangshe village, Qingshui River village, Hewei village and Xiawei village. The village encounters many development difficulties, such as a large number of migrant workers, lack of land use and public supporting facilities, and occupation of space by major traffic aisles since the integration of SAR. Location advantages of Qingshui River area, close to the center of Luohu District, have improved continuously and the traditional industry faces the subversive transition, owing to the changes in spatial pattern of Shenzhen and the reconstruction of old area. These four villages, as the largest areas in Qingshui River area, have great potentials to renew themselves and pursue transformation with a new strategic turn. Sadly, traditional demolition and reconstruction work doesn't meet the requirements of growth, and runs counter to the connotation of regional development. Under this background, we plan as a whole to renew this region from the perspective of industry-city integration, which means to make a balance between the village collective and enterprises in Qingshui River area. And we hope to find out an enforceable and sustainable way to renew the urban village.

[Keywords]　Fringe; Urban Village; Warehousing and Logistics Industry; Industry-city Integration

[文章编号]　2018-79-A-111

一、边缘的没落与繁荣

清水河片区位于罗湖区行政范围内中北部，与龙岗区交界，紧邻原特区边境管理线"二线关"和广九铁路线（即英国殖民者所称的九广铁路，西起广州东到香港九龙），距离南部罗湖中心商圈3km，距福田中心CBD约6km。一直以来清水河片区都属于城市中心区的边缘地区，这里有深圳市区面积最大的陆运仓储区和罗湖区规模最大的城中村，总占地面积237hm²。

1998年，国家在清水河一笋岗地区设立了全国第一家出口监管仓和当时全国最大的公共保税仓，清水河成为深圳开放最早、规模最大、分布铁路支线最多的公共仓储群区，被誉为"天下第一仓"，主要负责对港物资中转。到20世纪90年代中期，随着公路交通的不断完善和香港回归后直达货运列车的开通，原有的铁路货运支线逐渐废弃，清水河仓库转型成为城市配送。2010年以后，以网络购物驱动的电商物流成为深圳市物流货运的新亮点。原来依托对外交通设施而设立的大宗物流仓储区面临向生活性物流的转变，企业自用仓库减少，产品更多地成为在途库存。传统的物流空间和配套设施已经无法满足运营的需求，清水河仓储物流区面临着颠覆性转型。

如今的清水河仓库繁忙中透着没落。与仓储区的"没落"形成反差的是城中村的"繁荣"。章峯村连同清水河村、鹤围村、吓围新村一起形成了清水河的城中村，位于仓储区以北。伴随城市的兴起，这一片村落从几十户瓦片房的小村庄逐渐变成几百栋砖混小楼交错密布。也因为靠近中心的区位和廉价的租金聚集了大量外来务工人员，包括在中心区上班的白领以及在仓储区工作的工人。据统计，目前城中村居住的人口近2万人，其中外来人口占90%以上。庞大的外来人口使房屋租赁行业异常兴旺，同时村里也新增了学校、超市等配套设施满足日益增长的人口需求。

二、边缘的现实之困

1. 城中村繁荣背后的现状问题异常严峻

首先，建筑密度过高，生活环境恶劣。章峯村等四个城中村占地16.5万m²，建设区用地14.3万m²，总建筑面积35.4万，现状容积率达到2.5。村民在宅基地上自建的私宅约330栋，每一栋基底面积在150m²左右，平均层高7层，楼间距之间2m。住宅难以达到通风、采光标准，消防安全更是得不到保障。其次，用地功能不完善，结构严重失衡。城中村居住用地占68%，商业用地占2%，公共配套设施用地占8%。村内建有三处学校，共计64个班，占地仅1.3hm²，教育用地严重不足。同时村内无公共活动场所，只能借助临近居住小区内的健身广场活动。第三，内部交通不畅，对外联系不足。目前四个城中村只有一条主要道路连通鹤围、章峯和吓围新村，道路红线7m；清水河村无主要道路。城中村内部无循环车行系统，村主干路的两个出口均设在红岗路，造成很大的交通压力。

2. 地区基础设施条件的改善举步维艰

清水河地区东、西两侧的红岗路和文锦北路是联系罗湖中心区与布吉中心区仅有的两条城市道路。其中红岗路直达布吉高铁站，交通流量大，早晚高峰拥堵严重。为了缓解交通压力，合理分流交通流量，

1.区域位置图
2-3.清水河片区现状建设情况
4.规划总平面图

《罗湖区综合交通十三五》提出延长清水河片区内的清水河三路,与布吉西环路连接;新增洪湖西路北沿线,与文锦北路连接。同时由于清水河片区长期受广九铁路的分割,与铁路东侧地区联系薄弱,2012年政府提出延长清水河二路至文锦北路的连接方案。然而,由于片区北部主要是城中村建成区,土地的使用权属于村集体,延长清水河三路和清水河二路都受到严重阻碍,至今无法落实。

3. 仓储区与城中村各自封闭式发展限制片区整体提升

深圳市在1992年对特区内土地进行了统一征转,对集体经济组织管辖下的集体土地进行征收,只保留宅基地和集体发展用地归原村民和村股份合作公司所有。长期以来,清水河城中村集体经济主要依靠出租物业、经营旅馆和商铺这三部分,主营业务集中在物业出租。社区股份合作公司除了上涨物业租金和管理费外,很难挖掘到新的经济增长点,如果不对现有产业结构进行调整,集体经济就会停滞不前,甚至面临被市场经济淘汰的危险。与此同时,仓储区片区内物流产业业态层次较低,大片土地、大量物流设施和设备闲置,仓库使用效率低下,交通组织和市政配套问题突出,片区内社会经济发展和城市建设水平明显滞后于周边区域。以清水河一路为界,以北的区域以仓库和商业办公为主,包括中粮深圳仓库、活禽生猪中转仓、清水河旧货城、酒店用品城以及物流公司,其中分散着几处零散旧住宅区;以南的区域以物流和市政供应设施为主,包括燃气工业区、汽车展销以及建材市场等。

在清水河片区的发展过程中,城中村与仓储区各自呈封闭式发展,甚至没有连互通的道路。城中村大量的人口没有带动仓储区商业和办公的发展,仓储区大量的空间也没有为城中村提供配套服务的机会。双方资源没有形成有效的联系通道,也无法产生集聚效应,限制了整个片区的提升。

三、边缘的梦想之路

1. 城市战略转型视角下的清水河

2010年深圳市政府审议通过的《罗湖先行先试建设国际消费中心行动计划》提出了五个重点推进的产业片区,其中第一个就是笋岗—清水河片区。计划明确围绕加快转变经济发展方式这条主线,通过城市更新改造和拓展产业空间。清水河片区由此加快了产业转型的步伐。2016年《罗湖区城市更新"十三五"规划》定位清水河为深圳东部高新区,主要打造战略性新兴产业和未来产业园区,主要项目有航空航天、卫星应用研发、生物医药、生物健康、文化创意、现代物流等。清水河城中村连同仓储区一起列为优先拆除重建片区,章璧村联同周边的三个城中村作为清水河地区面积最大、最具更新潜力的地块,应考虑重新构建生活服务中心,助推清水河实现产城融合。

同年,罗湖区政府通过了《罗湖区落实"东进战略"行动方案》,方案中重点推进的连接福田中心、龙岗中心、坪山中心以及惠州市区的轨道14号线;连接罗湖火车站与平湖高铁站的轨道17号线纵穿清水河地区中部,并在清水河一路设综合交通枢纽站。其中轨道17号线在章璧村路口设地铁站点。清水河地区是罗湖中心区对接深圳东部、北部地区的交通要塞和重要门户,承担着拓展和加强区域联系的重任。轨道线路和地铁站点的建设不但增强了清水河与中心区的联系,改变了其中心边缘的地位;同时也让清水河成为罗湖区落实东进战略的前沿阵地。

2. 清水河的发展目标与功能定位

清水河片区在深圳特区和后特区时代都留下了浓重的印记,历史和现代的碰撞引发城市运营、空间结构、生活方式以及生活环境等多维度的变革,城市更新的重建工作更具颠覆和挑战。通过城市更新规划实现高品质城市空间与生活,完善产业配套服务,促进片区整体功能升级和持续发展,将片区打造成一个有着鲜明历史色彩,集物流、商业、商务、文化、休闲、展示于一体的综合城市片区,以提高生产力和宜居性、吸引人才和刺激经济增长。

在物流仓储业方面,电子商务、网络购物引发的货运结构变革,使商业模式、运输模式发生极大变化,物流基础设施功能、建筑功能也随之改变。分拨中心、采购中心、配送中心等应加强建设,同时强调现代物流与商业流通的关系,发展仓储商场、大型货场等多重零售业。

在商业服务业方面,片区各部分应结合自身发展现状打造具有清水河特色的文化商业氛围。注重商业文化特色的培育,提供服务于不同的文化交流体验区域。通过与大众的互动及展示功能表现不同企业的风格与文化特质,打造不同产业间的主题广场与公园,形成代表行业领先的展示区域,同时也为居住片区提供休闲、娱乐空间。

在居住社区方面,结合高新产业园打造智慧社区、人文社区和生态住区。通过拆除重建落实基础设施

图例
1 九年一贯制学校
2 樟輋村站综合体
3 生态社区
4 中央绿地
5 天街
6 48班小学
7 草埔站商业综合体
8 铁路遗址公园
9 航空航天产业圈
10 现代仓储物流圈
11 BT-IT融合产业圈
12 文化创意产业圈
13 未来科技圈
14 总部产业基地
15 24班小学
16 生命健康产业圈
17 生命医药产业圈
18 绿色低碳产业圈
19 卫星应用研发产业圈
20 清水河枢纽站
21 清水河

4

建设，提供公共空间，完善生活配套，保留文化记忆。充分利用电子信息技术、低碳技术等现代技术，为社区居民提供一个安全、舒适、高效的现代化生活环境。

通过各功能板块的无缝对接，形成功能渗透和互补，最终形成现代物流、商业服务、现代住区相辅相成、内外结合的综合片区。

3. 各片区融合发展策略

交通改造策略：构建对外大开放、对内大循环的道路交通体系。加强对外联系，完善内部交通循环：清水河三路向北延伸对接西环路；清水河二路向东延伸联系龙岗大道和金稻田路；同时强化环仓路、清水河四路、清水河五路、章輋路及其他内部道路的交通循环，实现内部与外部的无缝衔接。

慢行系统策略：构建绿网脉络，打造立体多元

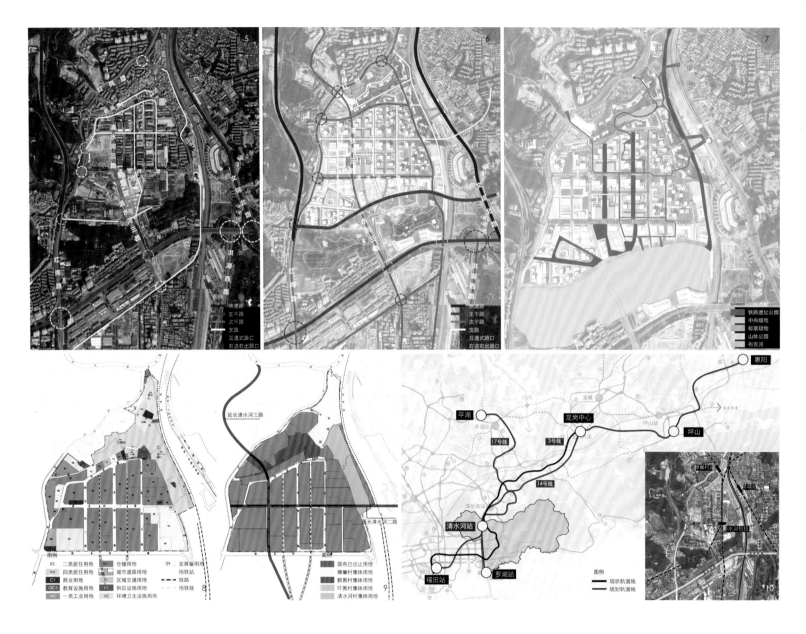

的步行网络体系。建立完善的慢行体系，通过"铁路遗址+社区公园+布吉河"，打造主要的内部慢行空间，实现与罗湖绿道的无缝连接。规划结合地铁地下空间、商业广场二层连廊、基地内的慢行步道，以及基地周边的新增道路，完善区域慢行网络。

公共空间策略：核心公共绿地、带状铁路公园与"邮票"绿地相结合。城中村片区用地狭长呈"人"字形，中央设置核心公共绿地。片区东侧沿广深铁路线规划带状铁路公园。仓储区改造后，每宗改造用地均需要提供不少于用地面积10%的公共空间，因此会形成大量的"邮票"绿地。片区通过慢行步道联系核心公共绿地、沿边铁路公园和"邮票"绿地，构建片区整体公共空间体系。

功能布局策略：结合地铁站点设立片区商业服务、商务办公中心；结合核心公共绿地设立邻里社区生活服务中心。居住片区核心绿地周边被居住地块围

合，底层设商业，形成"活心强边"的功能布局。在草埔地铁站、章輋村地铁站建设商业综合体，清水河枢纽站建设城市综合体，高新片区同时建设配套公寓、小型商业。片区打破传统功能分区，有机灵活组织各地块功能，构建产城融合大社区概念。

四、片区更新统筹的实施路径

清水河片区涉及旧村改造、旧居住区改造及旧仓储物流区的改造，其中城中村改造最为困难，主要因为现状建设大，权属复杂，历史遗留问题较多；旧仓储物流区的改造最为简单，企业自改或引入合作单位都可进行；旧居住区现状容积率低，人口少，改造难度相对较低。2017年深圳市住建局起草发布了《关于加快推进棚户区改造工作的若干措施》，措施规定深圳市范围内使用年限在20年以上、存在住房

质量安全隐患、使用功能不齐全、配套设施不完善的老旧住宅区项目应当纳入棚户区改造政策适用范围，即"政府主导+国企实施+回迁房+公共住房"；不再采用城市更新的方式进行改造。此规定明确旧居住区改造为政府主导，开发商代建，将市场主体拒之门外。在此条件下，如何平衡利益、难易搭配，成为首要解决的问题。

1. 以满足开发收益和不突破政策上限为基础研究各片区建设总量

章輋村等四个城中村现状建筑面积为35.4万m²，占地16.5hm²。按照法定图则要求和相关规划落实片区公共配套和交通市政设施后，可建设用地约8.8hm²。根据深圳市旧村改造的实践经验，现状容积率在2.5以上的城中村净拆建比（即项目规划建筑面积扣减政策性用房及公共配套设施、市政配套设

施等建构筑物面积之后与拆除范围内现状建筑面积的比值）为2.3可满足房地产开发的收益条件，即回迁物业和可售物业的总和为81.42万m²。假设集体物业按1:1回迁，可售物业面积为46.02万m²。此时需要根据深圳不同地区不同用地性质的容积率上限，确定开发用地的功能配比和建设量。通过计算，居住建筑面积43.3万m²，商业建筑面积38.1万m²；保障房9.5万m²，公共配套4.6万m²，总建筑面积95.5万m²，平均容积率10.8，规划人口约2万人（与现状相当）。

仓储区的改造属于城市更新中工业升级改造模式，根据政策容积率不能突破6.0。

旧居住区现状建筑面积为8.3万m²，按照法定图则落实公共绿地后，可建设用地约4hm²。根据深圳不同地区不同用地性质的容积率上限，此片区居住用地容积率上限取6.0，总建筑面积24万m²。按照棚改政策，原有住宅1:1回迁，其他建设为保障房。

2. 在总量不变的前提下将公共设施用地腾挪置换，保证空间均衡合理发展

可以看到，由于政策的不同，旧村、旧住宅和旧仓储物流区的开发强度存在较大差异，其中城中村的开发建设总量最高，达到95.5万m²。从影响空间开发要素看，清水河地铁枢纽站500m范围内的仓储片区容积率取6.0与地区发展不匹配。特别是在打造地区形象地标的情况下，可以通过提高容积率的方

式释放更多的土地。释放出来的土地可以再腾挪置换城中村里的公共配套设施用地，从而使城中村片区的容积率降低，达到各片区空间合理均衡发展的目的。

3. 更新单元的划分与分期实施

由易到难，分片实施。项目的关键在于释放土地落实公共配套，这样整个片区的改造工作才能逐步启动，基于以上考虑，清水河枢纽周边地块和其他地块需要腾挪的仓储片区应当作为优先改造片区，释放出来的土地落实教育、医疗等公共配套设施。其次是城中村改造，彻底改善和提升清水河片区的居住环境，打造品质高端居住及综合服务区。仓储区其他地块的更新改造可与城中村改造同时进行。最后是旧居住区改造。最终完成整个清水河片区的更新改造。

五、结语

在权属主体复杂的城市更新统筹中，有三个关键点需要特别聚焦：第一是政府、市场开发主体和集体股份合作公司应该秉承着战略合作伙伴的关系，互相服务互相牵制，实现共赢。只要最终目标保持一致，其方式方法可以是多元化的。第二，经济、环境、社会及健康方面的可持续性构成片区更新统筹的重要部分，需要多方面考虑。第三，现代城市结构和功能融合创新思想引领全局，城市空间，生活品质与

都市发展潜力携手并进。

参考文献

[1]俞仲文，陈代芬.深圳营造国际物流系统探析[J].特区经济，2000，10:27-29.

[2]张伟，肖作鹏.深圳市物流货运空间的主要问题与成因分析[J].特区经济，2014，10:11-14.

[3]钟再勤，毛冬宝.城市化转制转地后社区集体经济的转型发展[J].特区实践与理论，2007，000(003):63-66

[4]肖恩·拉塞尔，韩兆阳，等.深圳罗湖区笋岗-清水河片区城市设计[J].中华建筑报，2012，03（06）:016.

[5]樊华，盛鸣，肇新宇.产业导向下存量空间的城市片区更新统筹--以深圳梅林地区为例.[J].规划师，2015，000(011): 110-115.

作者简介

段希莹，城市规划硕士，长安大学城市规划设计研究院，高级工程师；

刘中毅，城市规划硕士，广州市城市规划勘测设计研究院，工程师。

工业用地二次开发的滚动更新模式
——以《宝田产业统筹片区更新空间发展方案研究》为例

Rolling Renovation Model for RE Development of Industrial Land
—Take 'Urban Renewal Research of Baotian Industrial Co-ordination Area' for Example

胡 勇
Hu Yong

[摘　要]　文章以《宝田产业统筹片区更新空间发展方案研究》为例，通过对工业用地更新潜力的分析，提出了一种滚动更新模式，包括"分区分类引导、分期有序更新"，以期对相关规划提供参考。

[关键词]　潜力挖掘；空间整合；滚动更新

[Abstract]　The paper introduces the practice of 'Urban Renewal Research of Baotian Industrial co-ordination area'.Through analyzing the potential of industrial land,Put forward a Rolling renovation model includes "zoning guidance, classification and decision making, phased implementation, orderly propulsion", in order to provides a reference for other planning.

[Keywords]　Tap the potentials; Spatial integration; Rolling renovation

[文章编号]　2018-79-A-116

1-2.区位分析图
3.现状三维仿真图
4.现状用地图
5.法定图则用地图
6.更新潜力分析图

三十多年的快速发展，给深圳带来很多阵痛。深圳"跑得太快"，快速城市化与快速工业化交织在一起，城市的"无序"必然会成为持续发展的阻碍。深圳提出的约束发展四大难题中，"土地难以为继"排名第一。

2009年，深圳市颁布了《深圳市城市更新办法》提出了城市更新的概念，并首次设立了城市更新单元规划制度，提出了多种改造模式和改造方式。2012年，深圳建设用地中的存量土地首次开始超过新增建设用地。

存量用地中由于工业用地权属相对集中，建设强度相对较小，拆迁成本相对较小，大片的工业用地

在"退二进三"的浪潮中，拆除重建，改变功能！

宝安区作为深圳的产业大区，工业用地比例高，近年来，随着开发商"挑肥拣瘦"投机更新，"工改商""工改居"市场火热，但产业类更新项目的市场驱动力不足，产业空间受到挤压，产业空心化风险加大。

为加快开展宝安区产业类城市更新工作，推进产业用地二次开发和集约利用，以产业统筹片区为抓手，通过用地梳理，在城市更新的基础上，充分挖掘空间增长潜力，构建新的空间发展模式，为后续产业项目落地和产业转型升级提供空间保障，探索城市更新中"工改工"类型的创新方法与手段。

一、区位及现状

1. 区位分析

宝田产业统筹片区位于宝安区西乡街道，规划用地58.9hm²；区位条件优越，地处广深高速、广深公路、深中通道所包围的核心区域，距离宝安机场仅5km，对外交通十分便捷。

2. 现状分析

规划区三面临城市干道，东至平峦山郊野公园西入口，西至广深公路，北至航城大道，南至宝安朱坳水厂，前进二路和宝田三路从地块穿过，周边生态

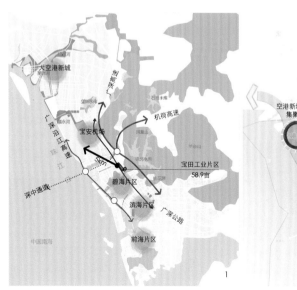

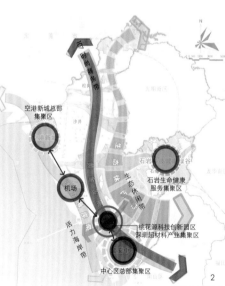

景观资源丰富。

宝田工业片区现状建筑总建筑面积111万m²，245栋建筑物，以工业厂房建筑以及配套宿舍为主。工业建筑占64%，共141栋；配套宿舍占28%，共74栋。

以4~6多层厂房建筑为主，占69%，共136栋。前进二路局部有7~9小高层的居住建筑，占21%，共45栋。

前进二路沿线建筑质量较好（占43%，共67栋），而广深公路沿线建筑质量大部分较差（占30%，共52栋）。

二、法定图则实施评估

对比现状土地利用图和法定图则规划图，发现在用地布局方面：法定图则用地布局以保留现状为主，规划较为滞后，并不能引导地区内工业用地升级转型的需求。在道路交通方面：图则规划的支路网密度本来不够高，建议新增和扩宽道路也并未落实，需通过改造打通。在配套设施方面：法定图则规划的公共配套数量较少，现状已经落实，并结合实际需求有所增加，反映出图则规划的配套不仅难以满足现状所需，更难以满足未来产业发展的配套需求。

总体来说法定图则用地功能、开发强度、道路交通及配套设施基本保留现状，所起到的最大作用是从规划层面保留了宝贵的产业发展用地，但已经不满足片区产业升级的需要。

三、规划定位

规划区作为宝安区的科技创新的重要区域，具备参与市域产业分工协作，与其他科技园区竞争、合作发展的基础，有条件发展成为具有较强科技创新要素集聚能力，能够实践创新驱动战略，并承担国家自主创新示范区建设任务的生态型科技创新城区。

宝田工业区未来规划定位围绕以"前沿科技、创新研发、文化生态"为主导，规划定位为："平峦山科创绿谷"——高科技创新产业为主的生态型、智慧型园区。

四、规划对策

1. 综合挖潜，分类改造

依据现有更新政策划分更新潜力区域，可进行现状保留和拆除重建，近期保留较好的建筑区域，留待企业有进一步发展的需求时再行更新。

拆除重建：107国道市政化的带动，落实图则道路打通的需要，对于建设年代较早、物质形态老化、容积率偏低、现有建筑不能满足产业发展需求的旧工业区以拆除重建为主。

现状保留：5年内综合整治过，建筑质量较好，对于现状产业发展较好，特别是规上企业和国高企业所在楼宇，建筑结构和质量基本可以满足当前发展要求，建筑外观和环境可观的片区进行现状保留，留待企业有进一步发展的需求时再行更新。若远景市场条件成熟，政策进一步放宽，再考虑整体拆除重建。

2. 空间整合，结构优化

通过城市更新，集约高效利用土地，倡导中高层厂房建设，提高开发强度，提供更多建筑面积的产业用房，实现产业空间的量变；同时减少建筑总覆盖率，提供更多的用地用于打通道路，改善绿化环境，完善公共配套，实现产业空间的质变。

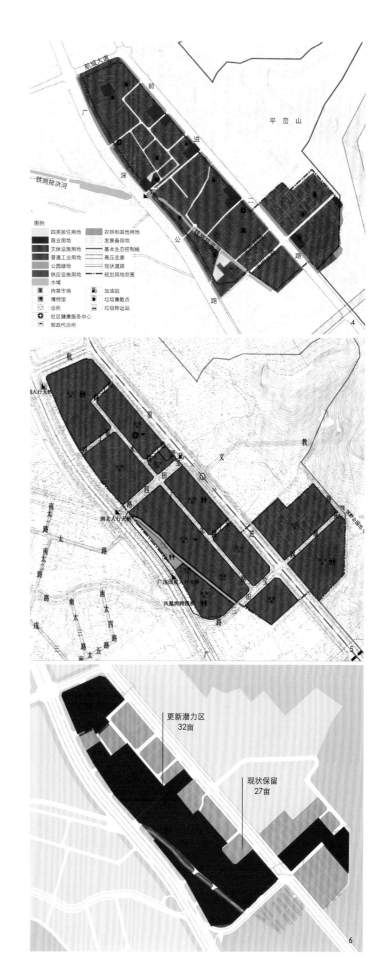

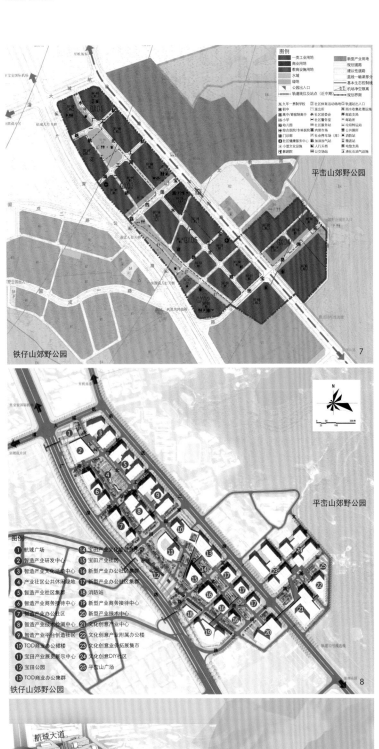

"生产空间垂直向叠加"与"公共空间水平向延展"相结合，实现空间的整合、优化、增量、提质，综合考虑规划区内部空间与区域生态景观格局的呼应关系，由此整体上形成"一脉一区两带"的结构：

一脉：生态休闲绿脉。

一区：智慧生产社区。

两带：科创研发+时尚商务带；高端制造+互联网产业带。

3. 互联互通，立体网络

道路网方面，贯通南北，互联东西，完善微循环。充分考虑到正在开展的107国道市政化对拓展宝安产业发展空间，改善城市人居环境重大意义。本次规划结合107国道市政化，纵向规划若干条城市支路，加强前进二路与107国道之间的交通联系，并规划水厂北路贯穿片区，增强片区西北部与东南部之间的联系。并梳理优化片区内部支路网系统，形成高效便捷的内部交通微循环系统。

公共交通建议在已有规划的基础上建议设置社区微巴，链接周边附近城中村（低成本企业工人生活空间），郊野公园，以及未来的轨道站点。解决最后1km的公交问题，弥补公共交通在工业区设置的严重不足。并在拆除重建的地区规划配建公交首末站。

结合道路两侧空间以及规划的绿地空间，设置低碳环保的绿道网体系，链接人行天桥、街头绿地、片区公园及郊野公园。

构建人性化的风雨无阻的城市立体慢行系统：过街通道与二层立体连廊系统一体化设计，加强立体慢行系统与产业空间的互通；通过过街通道与立体连廊系统的一体化设计，加强园区内部不同功能片区之间的联系，同时构筑园区与平峦山郊野公园、轨道12号线宝田站之间的步行交通联系。

4. 完善公服，分级配套

第一层级：一个产业邻里中心。

结合轨道宝田站，打造一处产业邻里中心。既满足片区内公共服务需求，又服务周边，最大程度地方便片区周边人群日常需求。

第二层级：三个组团综合服务区。

结合片区近期启动需求，在航城大道和107交汇处、铁岗排洪渠与107交汇处，平峦山公园入口，打造三个组团综合服务区，就近服务各功能组团，同时呼应产业邻里中心，以形成便利有序的公共服务系统。

5. 绿脉渗透，活力重塑

规划区东接平峦山，西临铁仔山，地处宝安区"海湾—碧海湾—铁仔山—铁岗山—羊台山"楔形东西向生态轴线的中间位置，位于平峦山、铁仔山两山之间的"山谷"。围绕着区域的绿化生态格局，打造"绿色创谷"，营造多层级活力空间，构筑建筑庭院空间与街头公园体系，与绿地系统相互渗透，实现产业空间与城市公共空间的开放式联系。

6. "双模"推进，滚动更新

今天的宝田工业片区不是一天建成的，未来面临的更新改造，更不可能一蹴而就，因此必须在"综合挖潜，分类改造"模式分析的基础上，明确二次开发开发的时序原则：

（1）通过对现状建成的综合环境质量界定，按照先"劣"后"优"的

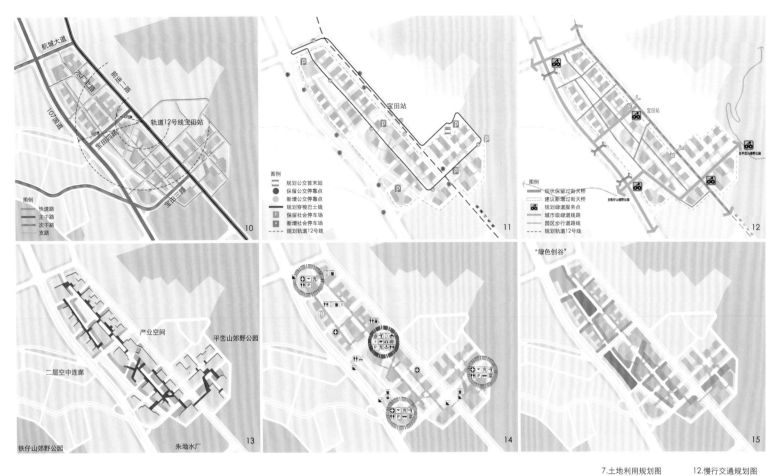

7.土地利用规划图
8-9.规划总平面图
10.规划路网结构图
11.公共交通建议
12.慢行交通规划图
13.立体人行交通网络
14.公共服务配套体系
15.绿地系统规划图

策略实行有序更新。

（2）前期改造及开发规模不宜过大。

（3）与周边单元共同协调改造开发，功能协调相互支撑为优。

（4）自身功能完整性、连续性。

（5）开发时序承接未来功能弹性：较远期开发地块预留出承接未来功能的可能性。

（6）轨道交通站点的价值影响：结合轨道交通站点建设时间安排时序。

由此确定"双模"推进，滚动更新的开发策略：首先不反对宝田工业片区实施综合整治更新模式，因为虽然综合整理几乎没有空间增量，但对于空间环境品质还是有一定的提升。其次依据现行的城市更新政策，划定五个更新单元，是作为可重点实现拆除重建的城市更新模式的备选区，而不是强制要求全部拆穿重建。

结合前文所提原则，建议按如下顺序进行滚动更新：

（1）近期沿107启动两个更新单元，以拆除重建的更新模式为主，其余区域可进行综合整治。

（2）中期继续沿107时尚商务带启动一个更新单元，以拆除重建为主，周边可进行综合整治。

（3）远期107沿线基本更新完毕，通过轨道站点带动片区全面更新整治，其余区域可进行综合整治。

五、结语

深圳经过30多年超常规的快速发展，空间资源紧约束的问题日趋突出，向存量土地要空间成为必然选择。宝安的工业园区，由于地处原特区外，以满足"三来一补"企业的生产要求而建设的，建设年代早，建设标准低。今天普遍面临着公共配套缺口大、空间环境品质差等问题，越来越难以满足深圳谋求创新驱动发展的新要求。本文提出工业用地二次开发的滚动更新模式，提供更多更高品质的产业空间，来承载产业发展的未来需求以及承接未来产业的发展需求，成为解决空间资源"量的突破"与"质的提升"的重要手段。

主要参与人员：陈威、钟珍珍、王彦均、陈秋茜、柯思盈、向玉、简

霞、胡俊、兰良华

参考文献

[1] 胡勇. 单元平衡制在高密度开发地区空间规划中的运用[J]. 规划师，2016.（5）：65-69.

[2] 胡勇. 存量产业空间更新的总体规划策略及实践——以《宝安科技创新产业城总体规划研究》为例[J]. 规划师，2016（10）：90-93.

[3] 唐婧娴. 城市更新治理模式政策利弊及原因分析——基于广州、深圳、佛山三地城市更新制度的比较[J]. 规划师，2016（5）：47-53.

[4] 周武夫，葛玲鸟，谢继昌. 温州市区城市有机更新专项规划探析[J]. 规划师，2015（5）：105-112.

[5] 向乔玉，吕斌. 产城融合背景下产业园区模块空间建设体系规划引导[J]. 规划师，2014（6）：17-24.

作者简介

胡　勇，广东省城乡规划设计研究院深圳分院规划二所所长，注册城市规划师。

传统村级工业园区的空间转型探索
——以《中山市三乡镇前陇工业区更新规划研究》为例

The Practice of Planning and Transformation of Village Industrial Park
—Taking the Reconstruction Planning of Three Towns and Villages in Zhongshan City as an Example

钟振远 杨刚斌 杜启云
Zhong Zhenyuan Yang Gangbin Du Qiyun

[摘　要]　改革开放以来，以"三来一补"为发展模式的村级工业区在我国沿海乃至内陆地区快速发展，在特定的历史阶段促进了社会经济的发展。近年来，传统的村级工业区发展粗放、空间局促、环境品质差的问题逐渐凸显。因此，本文以沿海城市中的一个典型村级工业区为案例，通过对传统工业园区的空间整合升级，实现其可持续发展。

[关键词]　村级工业区；规划改造；转型升级

[Abstract]　Since the Reform and Opening Up, the rapid development of the village level industrial zone in China's coastal and inland regions with the "three to one supplement" has promoted the development of the social economy at a certain historical stage. In recent years, the development of traditional villages and towns has been highlighted by the problems of extensive development, lack of space and poor environmental quality. Therefore, this paper takes a typical village industrial zone in coastal cities as the case and realizes sustainable development by upgrading the space integration of traditional industrial parks.

[Keywords]　village industrial park; planning and transformation; transformation and upgrading

[文章编号]　2018-79-A-120

"小乡镇，大问题"。改革开放以来，中山市以"市—镇"二级体制释放镇区活力，从以农业生产为主的乡镇迅速发展为以"三来一补"为特征的工业城镇，探索出一条独具特色的小城镇发展路径，成为珠三角城镇化的典型模式之一。承改革东风，三乡镇充分利用相对低廉的土地投入和劳动力资源，发展村级工业区，带动了经济社会发展。但30多年过去后，以广东中山为代表的珠三角村级工业区遇到了发展瓶颈，表现出简易厂房效率低下、权属不清晰、环境质量较差等问题。以全国的视角来看，村级工业区

的改造对于盘活用地、改善环境、保障民生福祉方面也具有重要意义。

本次论文以三乡镇前陇工业区为试点，研究实现旧有村级工业园区的改造升级蜕变路径。

一、基本情况及存在问题

1. 总体表现出"自下而上"形成的产业空间

前陇工业区位于中山市三乡镇东南部、与前陇社区相隔广珠公路，规模97.5hm²，2015年工业

总产值达到15.6亿元，初步形成以特色铝制品和汽配为主导产业集聚，集聚中小企业150余家。总体来看，前陇工业区体现了中山市小城镇工业发展特征，即民营经济活跃、产业链齐聚、配套服务完善、扩展空间资源趋于极限。数据显示，前陇工业区中企业混杂，涉及的行业较多，工业企业发展较分散。在工业区发展前期，受入驻企业来源的限制，在解决存量挖潜的同时需要整合与提升。工业区的发展主要依靠低价土地吸引企业入驻，缺乏对产业集群的培育和关注，企业的产业集中度较低，

1-3.前陇工业区区域位置图
4.工业区用地现状及航拍示意图
5.工业区现状环境风貌示意图

不利于整体竞争力的提升。

2. 现状用地空间分割细碎, 产权不清晰

前陇工业区受土地产权复杂和前期招商引资中对土地开发缺乏规划的影响, 现状未用建设用地在空间上分布散, 斑块小, 难以引进项目, 增加了剩余土地招商引资的难度。从单个企业的角度看, 平均单宗工业地块的面积较小, 不利于就近扩大再生产, 也不利于企业做强做大。

3. 现状环境及景观质量不佳, 生活空间配套不完善

前陇工业区内, 新旧厂房混杂, 既有现代化的标准厂房, 也有十几年前建的铁皮厂房, 整体形象较乱。由于工业区内绿化用地基本为零, 工业区内环境恶劣, 地上散落的垃圾较多, 大量的垃圾都在路边露天堆放, 环境形象较差, 绿化不足。

4. 中小微型传统产业难以形成规模集聚效益

前陇工业区中现状企业涉及的产业达到19类, 其中企业数较多的是家具、工艺品、五金等。前陇工业区中企业混杂, 涉及的行业较多, 发展力量分散, 企业的产业集中度较低, 不利于产业集群形成整体竞争力的提升。

二、改造升级的总体构思

针对前陇工业区存在的用地空间布局、环境及功能配套、产业组织等三个方面的主要问题, 研究从三个层面推导构思。

1. 从调研分析推导特征及问题

分别从工业化质量、工业区配套环境、工业区管理模式三项指标展开, 其中特征表现为: 工业区毗邻中珠公路, 交通便利, 区位优势明显, 已建成的古典家具、特色铝制品、汽配产业初具规模, 发展趋势良好, 政府优先转型发展的政策力度强。问题则集中在产权复杂、功能布局混杂、建筑质量差、环境景观破败, 整合难度大。综合来看, 即"区位利好, 初具规模, 产权制约, 重组改造"。

2. 分析明确定位, 规划引导发展

结合前陇工业区升级要求和三乡镇村级产业转型试点的双重使命, 规划确立以"生产、生活、生态"三位一体为指导思想, 以特色铝材和汽修设备生产装配为主导, 古典家具展销及生产装配和产品服务为一体的综合性工业园区。其中拆局指拆除低效利用的锌铁棚厂房, 建新是指推进标准化厂房及商品厂房建设。整体空间格局表现为"一心三片, 滚动开发, 有机融合, 弹性发展"。

3. 探索政策引导模式

通过土地资源重组探索, 整合用地、构建新发展模式和研究镇和村 (组) 集体合作为模式, 整合资源, 引入规模企业进驻联合开发。改造已进入实施阶段, 镇政府成立工作领导小组, 逐步推进前陇工业区升级改造。

基于此, 课题针对乡镇企业在新常态下的转型发展趋势, 梳理前陇工业区各类型权属用地分布情况, 以村级工业区再工业化为核心, 通过研究逐层推进为可实施的升级改造方案。

三、改造规划实施方案

1. 改造总体方案

依据现状工业区的建筑空间分布状况和未来工业区产业发展的需要, 在空间上确定了整个工业区在广珠公路原线上的"前店后厂"的改造布局模式: 对原来临街的低矮建筑进行大规模的改造, 用以发展商业和服务业, 商业的发展重点为以家具和工业产品的展销, 及其他配套的生产生活性服务业, 在商业区内根据销售产品的不同, 对商场的公共空间进行设计, 通过道路广场、景观小品、地面铺设、主体建筑风格的变化, 在空间上营造与古典家具、工业铝材、汽配三大类型产品相对应的三大商业产品展销区, 展销区在空间上的分布与现状各种产品的生产厂家在空间上的分布一致, 北部为古典家具展销区、中部为铝制品展销区、南部为汽配设备展销区; 对工业区内部的改造, 主要依据现状工业区的建筑质量, 对建筑质量较低的三类建筑和部分二类建筑进行改造, 主要依据企业的需要和场地条件分割不同的厂房布局地块空间形态, 提高工业区的绿化程度和整体形象。

结合前陇产业园区升级要求和三乡镇村级产业转型试点的双重使命, 规划确立以"生产、生活、生态"三位一体为指导思想, 以工业铝材和汽修设备生产研发为主导, 以古典家具市场为支撑, 集工业生产和产品展销为一体的综合性工业园区。

整体空间格局为"一心三片, 滚动开发, 有机融合, 弹性发展"。即以"1个核心区和3个功能片区", 包括前陇工业区各个系统进行整体开发。其中1个核心区包括改造后的综合服务核心。3个功能片区分别为古典家具产业片区、工业铝材产业片区和汽

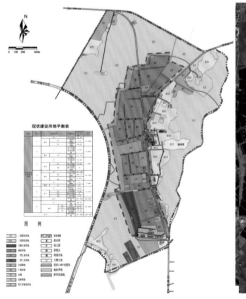

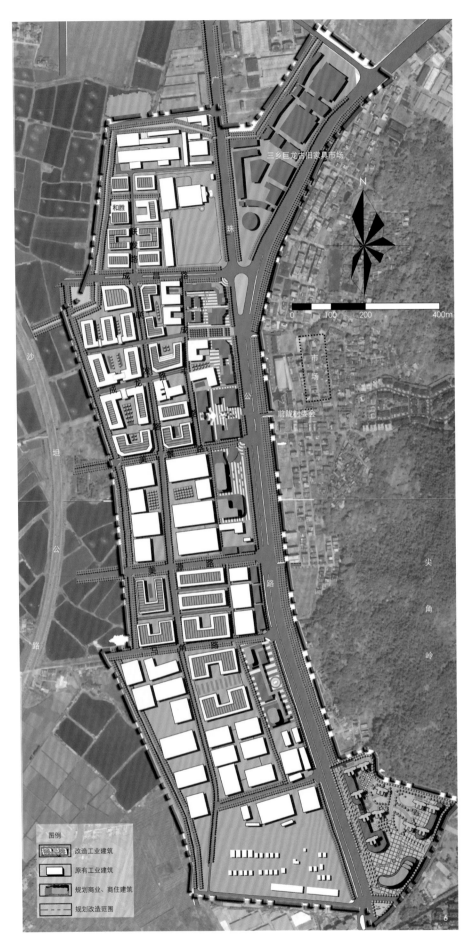

修设备产业片区。

2. 形成"生产—生活—生态"的空间体系

通过对前陇工业区及其周边配套设施、环境的调研考察，项目组认为前陇工业区可以形成"生产、生活、生态"三位一体的空间体系。"生产"是产业区的主题，其核心在于效益，包括经济效益（通过信息技术的不断升级，提高经济产出）和社会效益（新技术下对于人才的需求和培养，促进就业、利于交流和教育）；"生活"体现在配套设施的完善，指前陇社区提升宜居生活品质，使前陇工业区从产业园区到前陇产业社区的转变；"生态"理念的核心是绿色、智慧，即绿色节能、可持续的开发生长、信息化高效管理及灵活公平的弹性适应。此外，前陇社区可依托尖角领山体构建山体公园，通过绿色渗透形成"生产、生活、生态"三位一体的发展形态。

3. 协同各方诉求，整合形成发展合力

为降低地方政府和村集体独自开发承担的风险，保证地区发展遵循既定规划的思路，合作开发是两者最容易接受的模式。在对村集体土地价值（实际是数年的土地使用权）进行评估的基础上，由"政府出钱、集体出地"，联合组建经济共同体—股份公司，承担地区的开发。政府和村集体按各自出资比例承担开发风险和分享开发收益。为了减少农村集体的风险，政府财政可能要对每年的分红收益进行"兜底"，保证农村集体的分红收益不少于现有的租金收入。同样，需要征地时，政府与全部土地所有人（即所有的股东）协商，征地补偿进入股份公司。

课题认为随着存量规划和减量用地的常态化，旧工业区改造成为必然，适度集中紧凑发展是必由之路，探索"村组—社区—镇"实施改造保障机制，以资源重组为契机，以特色提升作为突破口，实现各方共赢。

四、改造规划实施效果

实践证明前陇工业区改造效果明显，表现如下：

一是从利益最大化的角度综合分析利益攸关者的改造需求。从务实的角度出发，对镇、村集体及发展商进行问卷和访谈调查，了解各方的利益诉求，寻求利益的平衡点，解决规划制定中的关键性问题。2015年2月，三乡镇人民政府成立"前陇工业区升级改造领导小组"，前陇村工业区的改造正有条不紊地推动。通过改造，前陇工业区释放土地资源压力，目前已走上良性发展道路。

二是实现前陇村社会、经济、环境效益共赢，前陇村积极改善村环境，建设健身广场，改造沿街商业，拟建设尖角岭公园，融入外来产业工人，集体经济获得稳定收入增长，吸引相关行业龙头企业进驻，彻底改变原来小散乱差，朝着"规模化、专业化"的方向发展。通过改造，前陇工业区众多小微型

企业已转型发展成为上规模企业。

三是为中山市出台锌铁棚厂房改造的系列政策提供"试点样本"。针对中山市民营经济活跃，中小企业众多，产权明晰的多层厂房改造，符合中小企业转型升级特点，为锌铁棚厂房（低效厂房）改造提供试点借鉴。

五、综合评价

前陇村的发展是中山市村镇经济30年发展的"缩影"。前陇村工业区遇到的发展问题也能代表中山市乡镇发展的实际问题。研究论证严谨，以多种分析方法解析村级管理下工业区问题，提出工业区改造的策略，促进优势产业的集聚发展。

规划研究引导乡镇工业区的升级改造是本项目的核心主旨，充分体现了规划作为城市发展建设调控手段的良好作用。研究课题对小城镇原有工业区的升级改造方面具有创新性，对广东省及国内其他城市的

村级产业园区升级改造具有借鉴意义。

参考文献

[1] 吴淑莲. 浅析农村城市化可持续发展[J]. 安徽农业科学. 2006.(04)

[2] 王春霞.杨庆媛.刘胜. 我国城市化进程中的土地问题及其对策[J]. 安阳师范学院学报.2006(02)：12-14.

[3] 王得新. 中国商品房产需求曲线探析——兼论商品房的属性[J]. 北方经济. 2010(08)．

[4] 冯宗周. 中山市小城镇发展问题浅析. 和谐城市规划——2007 中国城市规划年会论文集. 2007.

[5] 常亮. 贾金荣. 乡村运动:城市功能的延续——新农村建设与城市化进程内在关系研究[J]. 北京理工大学学报(社会科学版). 2011(01).

[6] 孙维东. 中国区域经济政策的环境取向及社会持续发展[J]. 北京轻工业学院学报. 1997(01).

[7] 姜爱林. 中国城市化理论研究述评[J]. 哈尔滨市委党校学报. 2002(05).

[8] 辜胜阻. 非农化与城市化研究[M]. 杭州:浙江人民出版社.1991.115.

作者简介

钟振远，硕士，中山市规划设计院，高级规划师；

杨刚斌，硕士，中山市规划设计院，规划师；

杜启云，注册规划师，中山市规划设计院，高级规划师，院副总工程师。

6.工业区规划方案及功能分区图
7.工业区规划方案及功能分区图
8.工业区规划空间体系示意图

城市老工业园区规划升级浅析
——以无锡光电新材料科技园规划为例

An Analysis of Planning and Upgrading of Old Urban Industrial Parks
—Taking the Planning of Wuxi Optoelectronic New Material Science and Technology Park as an Example

刘宏华
Liu Honghua

[摘　要] 随着经济社会发展和城市的扩张，早期在城市边缘设立的老工业园区出现了一系列问题，诸如土地利用率低、产业落后、公共设施缺乏、形象混乱等，已严重阻碍城市建设的整体发展。如何对这些老工业园区进行升级改造，本文结合无锡光电新材料科技园规划项目，从产业发展、功能布局、道路交通、空间形态、景观组织、更新改造等方面提出科学、合理的解决方案，并提出了相应的规划实施策略，保障项目在统一的指导下有序进行。

[关键词] 老工业园区；无锡；光电新材料科技园；规划升级

[Abstract] Alongwith the economic and social development and urban expansion, the old industrial area which establishedin the edge of the city early arises a series of problems, such as the low land usage ratio, backward industry, lacking of public facilities, confused appearance and other issues, has seriously hindered the overall development of urban construction. How to update the old industrial area? In this paper, we take the science parkof photoelectric new material planning project in Wuxi as an example, brought out the scientific and reasonable solution including Industrial development, functional layout, road traffic, space form, landscape organization, renovation, and proposed the implementation strategy to support the full process. Through these measures, the project could orderly carry out under the unified guidance.

[Keywords] Old Industrial Area; Wuxi; Science ParkOfPhotoelectric New Material; Planning Upgrade

[文章编号] 2018-79-A-124

1.用地图
2.总平面图

改革开放后，各种形式多样、功能差异的工业园区在中国经济和城市发展中发挥着重要作用。工业园区是承载中国工业化进程的主要载体，是区域经济发展的重要增长极，也是一段时期内中国城市化建设的重要方式。

最早设立工业园区的城市，大都是中国经济发达的地区，通常来说，这些地区的城市化建设进程也相对较快。随着经济社会发展和城市扩张，早期在城市边缘设立的工业园区已不再是城市边缘区，很多都已经地处城市的核心区域。这些老工业园区，虽然占据着城市中比较重要的地段，但土地使用功能单一，产业类型较为落后，早已不再是区域工业化进程和经济发展的强大引擎，有些甚至成为区域经济发展转型提质的阻碍。同时，老工业园区的基础设施和配套设施大都没有达到很好的建设标准，城市公共服务配套也相对缺乏，城市建设面貌较为落后，也已不符合现代化城市的建设标准。

在城市土地节约集约利用、推进新型城镇化建设的大背景下，将老传统工业园区升级改造成城市综合功能区，是提升城市建设水平、推进新型城市化建设的重要工作，也是促进区域经济社会发展的重要手段之一。

一、项目概况

无锡光电新材料科技园项目位于无锡市北塘区西北部，东起钱皋路，西至胡山区钱桥镇胜丰村，南界江海路，北临京杭大运河，规划面积约2.55km²。其前身是2000年经市政府批准成立的无锡市金山北工业园，经过多年发展，形成了以电子、机械、金属材料加工、纺织、包装材料、仓储物流等民营经济为主的工业集聚区。

随着无锡市产业转型发展和城市化建设的快速推进，金山北工业园原有的发展模式已经不适应新的经济发展形势，呈现出产业发展方向不明确，企业再投资能力不强，园区发展优势减弱等问题。同时，该地区现有的土地使用方式，难以发挥出园区应有的区位优势和区域土地经济价值，不符合城市土地资源的集约利用原则，也不利于城市空间结构和土地使用功能优化，区域城市建设和经济发展水平明显落后于同等条件区域。

无锡光电新材料科技园（协信未来城）项目是地方政府和实力较强的开发商按照区域开发的模式共同合作建设的项目。开发建设主体从前期发展战略研究、产业策划和城市规划开始，就与政府一起对区域建设和产业发展目标形成明确一致的定位，然后负责主导后续土地整理、基础建设、物业开发、产业招商、后期运营等区域开发建设和运营的所有环节。在项目建设与运营的全过程中，始终坚持区域发展目标的价值选择，通过城市硬件环境的重新规划建设和提升，提升传统的老工业园区的产业活力，实现区域经济发展与社会复兴。

二、园区规划

本次规划围绕产业结构优化升级和区域经济发展的目标，整合区域资源，完善空间布局，加强生产性服务业载体建设，提高企业经营专业化程度和社会化服务能力，全面提升园区的商务服务与生产服务功能，从产业发展、功能布局、道路交通、空间形态、景观组织、建筑设计、更新改造等方面提供科学、合理的解决方案，为促进区域快速发展提供新的平台。

1. 规划范围

本次规划范围东至钱皋路、西至钱桥镇胜丰村、北至京杭大运河、南至江海路，面积约2.55km²。

2. 项目区位

园区区位本身优势明显，离市中心直线距离5km，并处于中心城区与惠山区的交界处，是无锡向西发展的门户，是中心城区更新改造、产业升级的重点地区，也是无锡近期提升城市形象，完善城市功能的重要区域。

规划区交通便捷。南邻江海路，可直达市区和洛社方向；北依京杭大运河和广石路，连接锡山区和惠山区；西侧是锡宜高速和S342省道，可直达宜兴；东侧有钱皋路，沟通盛岸和石塘湾地区。基地紧邻地铁主干道、以及京杭大运河，距离苏南硕放国际机场20min车程，具有高速、铁路、航运、航空的立体交通网络。

规划区北侧为石塘湾工业区，南侧为盛岸路生活区，东侧是国联金属材料市场和黄巷街道，西侧是钱桥镇的胜丰村，周边已形成了较为成熟的生活片区和产业基础。

3. 现状分析

（1）产业发展现状

产业层次低。现状产业多为低附加值的传统制造业，金属加工、机械制造等重工业，此类企业占到总量的40%，技术含量低，地均产值少。

企业规模小。除正在引进的元亮科技有限公司，在各行业里，基本上缺乏龙头企业，属于私营中小型企业集聚区。

缺乏整体性。园区企业基本停留在加工制造环节，既缺乏基于做长价值链的研发和市场环节，也缺乏龙头企业带动及上下游相关中小企业抱团发展的规模效应。

（2）土地利用现状

工业用地包括园区企业用地和村办企业用地工业。园区企业主要分布在会岸路两侧，村办企业混杂在农村住宅之间，除元亮科技和金山北B区二期为高科技产业用地，其余以二类工业为主。

物流用地靠近交通要道，主要分布在江海路和京杭运河沿线。其中太运物流和华商物流刚建成不久，整体环境较好；金山物流和会北仓储则仍以低端的仓储运输为主。

规划区内配套服务设施不足，特别是日常生活服务设施严重匮乏，临时商业建筑乱搭乱建现象严重，服务环境较差。

居住用地主要以城中村为主，分布在规划区西部的会西村和东部的会北村，建筑质量整体较差。

（3）道路和绿地现状

道路系统不完善，工业园区以南北向的会岸路为主，东西向支路多为尽端路，呈鱼骨状分布，路面状况较差。村道多为3~6m，商贩占道经营现象严重。

园区内绿化较少，主要分布在会岸路两侧。

（4）建筑现状

园区内工业建筑整体质量一般，仅有园区建设的北创科技园和元亮科技、太运物流、科技园二期等新建项园区目建筑质量较好。居住建筑除会西村部分农民别墅外，整体质量较差。

（5）水系现状

园区现状有京杭运河、大庄河、北庄河、港池等水系，基本在园区内形成环状水系。

（6）土地资源分析

通过对园区现状产业、现状建筑的分析，结合未来发展设想进行综合考虑，规划除去道路和水域将用地资源划分为保留用地、改造后可开发用地和可直接开发用地三类。

4. 战略发展定位

"十二五"期间，无锡市围绕"生态城、旅游与现代服务城、高科技产业城和宜居城"建设目标，打造"三心、三

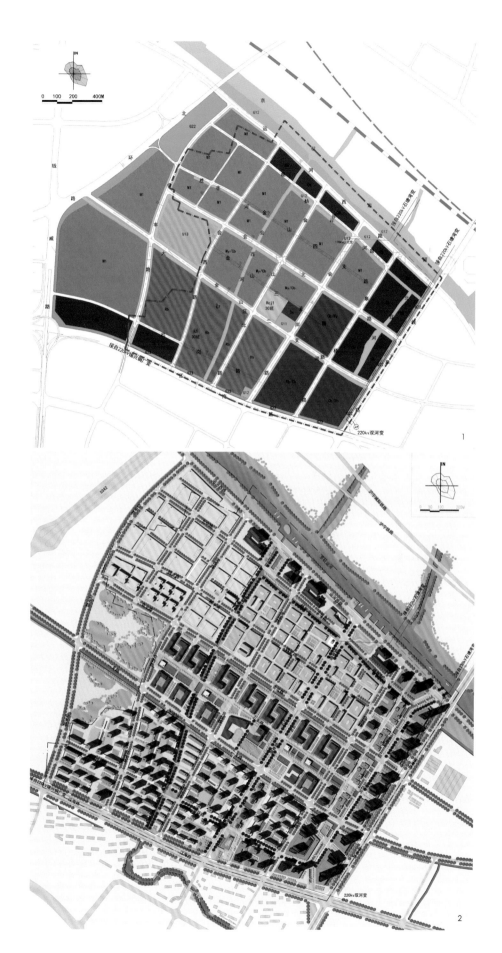

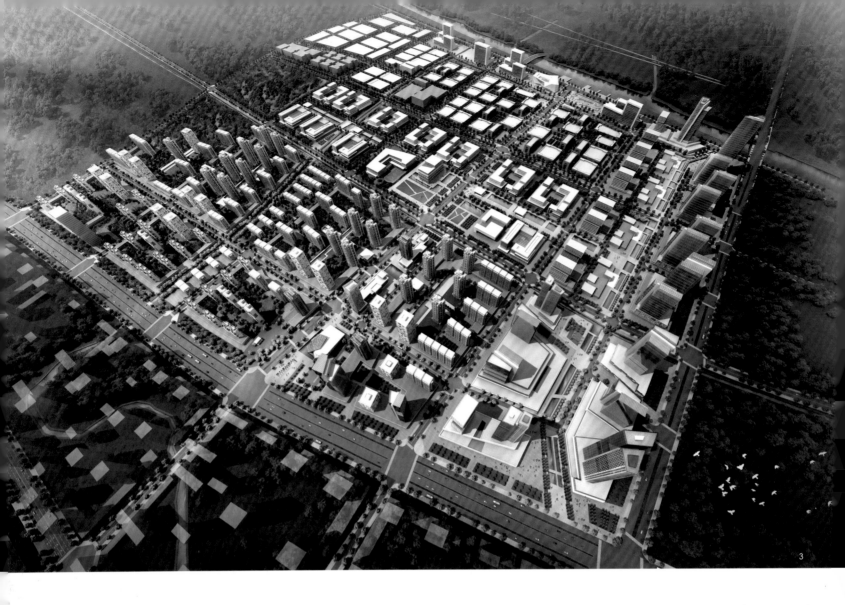

区、三圈层"的城市格局。规划区位于中心城区外围，未来将逐步改造升级，构建一个服务业集聚圈，既可以对内平衡内城生活与就业，又对外强化中心城区之外的产业辐射。

根据无锡城市发展战略，未来的中心城区（崇安区、南长区、北塘区）将承担重点发展服务业，构筑区域服务业核心，强化城市核心区的积聚和辐射作用。北塘区工业基础是三个中心城区中最雄厚的，且服务业发展方向明确。

本次规划将项目区域发展目标定位为光谷·智城。建设成LED产业集聚，创新发展的产业之城；现代服务引领，功能复合的服务之城；蓝绿交融共生，宜居宜业的生态之城。

规划园区包含产业发展功能与城市生活功能。前者是以新兴产业与生产性服务产业为主的核心功能以及相关衍生功能；后者为园区就业人群与城市区人群提供生活服务的配套功能。

根据发展需求，规划园区将形成核心功能、衍生功能及配套功能这三大功能体系。核心功能特指生产加工、设计研发、商贸流通、金融商务、信息服务等功能，衍生功能则涵盖会议接待、文化展览、观光考察、科技体验、科普教育等功能，配套功能主要包括生活居住、商业购

物、酒店餐饮、健身康体、休闲娱乐等功能。

5. 空间结构和用地功能布局

以土地功能复合为目标，总体上以3∶3∶3∶1的用地比例关系来安排生产、办公、居住和商业四大功能板块。在编制土地使用功能规划的时候，结合现状土地使用情况，统筹安排用地功能更新地块，确保后续开发建设具有可实施性。

围绕交通主轴、景观主轴和水环体系，规划形成"一环、两轴、四片区"的空间结构。一环即城市魅力环，是贯连整个区域的重要公共空间和组织公共活动的载体。两轴包括南北向沿会岸路的城市生长轴线和东西向研发总部智慧轴线，四大片区是指光电产业、现代居住、商办服务和研发办公四大功能区域。

6. 三大系统

（1）城市魅力系统

城市魅力系统由魅力环、景观轴线、滨河绿廊、休闲水街和开放广场空间组成。

魅力环：既是水环也是绿环，承载游憩、通行、休闲、健身等功能，串联景观轴线、开放广场、休闲水街和公共建筑等重要节点。

景观轴线：沿会岸路、研发区中轴和运河风光带形成三条景观轴线。

滨河绿廊：沿会西何形成以滨河绿化和各类中小型健身设施为特色的滨河健身长廊，为居民和园区工作人员提供锻炼身体的场所。

休闲水街：在总部办公（及商业）带中央结合水系设置尺度宜人的滨水休闲商业街。

开放广场：园区内共设置七个广场。三个主要广场包括东南角的商业综合体广场、位于小学前结合徐社区服务中心设置的社区文化广场以及东北角上结合运河风光带设置的地标广场。四个辅助性的入口广场，分别为位于二支路和钱皋路交叉口的园区入口广场、位于江海路和会西河交叉口的居住区入口与社区活动广场，位于会西河中段的健身广场和京杭运河河口的运河广场。

（2）公共服务设施系统

依据用地规模和平均容积率进行核算：规划范围内居住用地可容纳居住人口约4万人，产业及公共服务设施用地能提供就业岗位约8万个。

按照"分级布局，全域覆盖"的原则，按照人口规模核算，以服务半径来布局，统筹安排城市级、园区级和社区级三个级别的公共服务设施。

城市级为城市（区域）公共服务设施，包括地块东南角的城市综合体，具体功能包括星级酒店、大型商业、餐饮娱乐及休闲设施等；园区级为园区管理服务设施，包括园区管理办公室、园区商务服务中心等；社区级为各个功能区及小区的配套服务设施，包括休闲餐饮、健身娱乐和小型商业等。

（3）市政基础设施系统

道路系统按客货分流、绿色慢行的指导原则进行规划设计。道路等级分为四级。第一级为外围城市干道，包括运河西路、钱皋路和江海路；第二级为园区主路，指二支路和会岸路；第三级为划分各个功能区的园区次干道；其余为园区支路。

根据各个功能区不同的交通出行需求，规划以会岸路和二支路作为园区主要的交通走廊，将工业在区内西北角集中组织，通过运河西路和会丰路与外部高速公路连接。居住区的内部交通和园区的通勤交通均结合道路绿带设置，道路绿带内设置步行道和自行车道。

步行系统与小型的广场和绿化结合在一起布置，在区域内形成网络状的慢行系统结构。

三、规划实施

在这个城市区域开发项目实际案例中，园区总体规划主导者就是项目的开发建设主体，项目规划实施方案编制本着"用地功能与市政配套统筹，规划实施与开发计划联动"的原则，同时编制了规划实施方案和整体开发建设计划。

规划实施方案包含两部分内容，一是划分规划实施阶段，明确了各项基础设施、公共服务设施和绿地系统的整体建设时序，二是制定近期建设计划。

项目规划实施基本思路是"轴线生长、两翼展开、骨架支撑、用地均衡"。

按照整体规划实施方案，同时编制光电园整体开发建设计划，制定了详细的城市建设计划、土地征拆计划、土地供应计划和资金计划。通过建设目标分解，结合现状，统筹安排土地征拆开发、市政配套和绿地景观体系的建设时序，在提升园区配套基础设施建设水平和整体形象的同时，统筹安排各地块开发建设，并有序推进整体开发，保持资金投入和回收基本平衡，体现了开发建设主体利益，实现了区域协调均衡可持续发展。

作者简介

刘宏华，国家注册城市规划师，北京未来科技城主任规划师。

3.鸟瞰效果图
4-6.规划效果图

理想空间（上海）
创意设计有限公司成立
2012.05

海门滨江科教城总体城市设计

山东省单县中心镇郭村镇总体规戈

永靖县水堡山庄、水电博览园、黄河
建筑方案设计

••••••

成功申请城市
规划甲级资质
2012.10

湖口县洋港片区城市设计

泌阳县高邑引线两侧概念性总体规划

海门工业园区叠石桥市场区控制性详细规划

成功申请风景园林
专项乙级设计资质
2014.02

五大连池市滨水新区规划设计

郑州市白沙园区"郑开南片区"城市设计

赊店古城南景区入口区域城市设计及局部

逊克县总体规划调整

淅川县南环路沿线景观方案设计

江苏金坛新农科技植物园规划方案设计

成功申请建筑工程
专项乙级资质
2015.02

理想
空间

理想空间（上海）创意设计有限公司

一家综合性的城市规划甲级设计院，现有城市规划甲级资质、风景园林专项乙级设计资质及建筑工程专项乙级资质，秉承"运筹城市、经营空间、俯仰自然、创意永恒"的运营理念。

诚邀优秀专业团队及项目负责人加盟！！！

经营部联系电话：13801783330（QQ：840992610）（021—65988891）

网站：http://www.idealspace.cn